大人もおどろく
「夏休み子ども科学 電話相談」

鋭い質問、かわいい疑問、難問奇問に 各界の個性あふれる専門家が回答！

NHKラジオセンター
「夏休み子ども科学電話相談」制作班　編著

JN231059

SB Creative

編著者プロフィール

NHKラジオセンター
「夏休み子ども科学電話相談」制作班

1984年より毎年夏休み時期に、NHKラジオ第1で放送されている番組「夏休み子ども科学電話相談」を制作。同番組は、科学と関連が深い分野について疑問を持っている小学生、中学生などと電話をつなぎ、各界の専門家である先生方が放送時間中に答えていくというスタイルで、人気を博している。

本書は、NHKラジオ第1「夏休み子ども科学電話相談」の2016年の放送を抜粋・編集し、回答者の先生方に説明を補っていただいたり、図版や解説を追加したりして構成したものです。

本文デザイン：クニメディア株式会社
制作協力：池田圭一
校正：曽根信寿

本書にご登場の先生方（50音順）

石垣幸二（いしがき・こうじ） `海の生物`

沼津港深海水族館 シーラカンス・ミュージアム館長。1967年生まれ、静岡県下田市出身。2000年に有限会社ブルーコーナーを設立し、世界各地の水族館に希少な海洋生物を納入した業績から「海の手配師」と呼ばれるようになる。著書は『深海生物〜奇妙で楽しいいきもの〜』（笹倉出版社）など多数。

国司 真（くにし・まこと） `天文・宇宙`

かわさき宙と緑の科学館プラネタリウム解説員。1954年生まれ、東京都出身。小学生のころから、望遠鏡を作って月のクレーターを見るなど、星に親しむ。その後、五島プラネタリウム勤務などを経て現職。一方で、八ヶ岳のふもとに星仲間と小さな天体観測所を建て、流れ星や星雲・星団を観察している。著書に『12ケ月の星座』（ナツメ社）などがある。

久留飛克明（くるび・かつあき） `昆虫`

昆虫科学教育館館長。1951年生まれ、広島県出身。1973年より大阪府保健所で環境衛生を担当し、2001年から2017年3月まで大阪府営箕面公園昆虫館館長を務め、現職。積極的に、小学校やフィールドにおける昆虫教室などの活動に取り組み、ラジオ番組のほか、テレビ番組をはじめとするメディアでも活躍している。

小菅正夫（こすげ・まさお） `動物`

札幌市環境局参与（円山動物園担当）、旭川市旭山動物園 前園長。1948年生まれ、北海道出身。北海道大学獣医学部を卒業後、獣医師として旭山動物園に就職。1995年に園長に就任、閉園の危機にあった同園を、入園者数においても日本有数の動物園に育て上げた。2015年より現職。著書に『「旭山動物園」革命』（角川書店）、『もしもあの動物と暮らしたら!?』（新星出版社）などがある。

篠原菊紀（しのはら・きくのり） 心と体

諏訪東京理科大学教授。1960年生まれ、長野県茅野市出身。東京大学大学院教育学研究科了後、東京理科大学諏訪短期大学助教授などを経て、現職。専門は脳科学、健康教育学、精神衛生学。著書は『「すぐにやる脳」に変わる37の習慣』（KADOKAWA）など多数。「ナンプレ」「脳トレ」の監修やテレビ番組でもおなじみ。

清水聡司（しみず・さとし） 昆虫

大阪府営箕面公園昆虫館副館長。1968年生まれ、大阪府出身。チョウの不思議に魅せられて、昆虫飼育の道へ。箕面公園昆虫館、ぐんま昆虫の森、足立区生物園を経て現職。昆虫を通じて自然への関心を高める活動を行っており、最近は、水生昆虫について保全の必要性が生じた際に対応できるよう、その飼育技術の向上にも取り組んでいる。

高橋亘（たかはし・わたる） 植物

農業・食品産業技術総合研究機構 畜産研究部門 上級研究員。1973年生まれ、神奈川県出身。甲南大学大学院自然科学研究科生物学専攻修了後、日本草地畜産種子協会 飼料作物研究所 研究員を経て、現職。博士（理学）。専門は、バイオテクノロジーを利用した飼料作物の品種育成。著書に『知って納得！植物栽培のふしぎ』（日刊工業新聞社、共著）がある。

竹内薫（たけうち・かおる） 科学全般

サイエンス作家。1960年生まれ、東京都出身。東京大学理学部物理学科卒業、マギル大学大学院博士課程修了。執筆、講演、テレビ出演などを行いつつ、「YES International School」の校長も務める。著書は『99・9%は仮説』（光文社）、『教養バカ』（SBクリエイティブ）、『理系親子になれる超入門：誰かに教えたくなる宇宙のひみつ』（徳間書店）など多数。

多田多恵子（ただ・たえこ） 植物

理学博士、専門は植物生態学。東京都出身。東京大学大学院博士課程修了。植物の生き残り戦略、虫や動物との関係を、いつもワクワク調べている。現在は立教大、東京農工大、ICUで教えるほか、大人や子どもに向けた自然観察会などでも活躍中。著書は『野に咲く花の生態図鑑』（河出書房新社）、『種子たちの知恵』（NHK出版）、『図鑑NEO・花』（小学館）など多数。

田中 修（たなか・おさむ）

甲南大学特別客員教授。1947年生まれ、京都府出身。京都大学大学院農学部大学院博士課程修了後、アメリカのスミソニアン研究所博士研究員、甲南大学理工学部教授などを経て、現職。専門は植物生理学。著書に『植物はすごい』（中央公論新社）、『植物学「超」入門』（SBクリエイティブ）、『ありがたい植物』（幻冬舎）などがある。

永田美絵（ながた・みえ） 天文・宇宙

コスモプラネタリウム渋谷（渋谷区文化総合センター大和田内）解説員。東京都出身。幼いころから星が大好きで、大学卒業後、天文博物館五島プラネタリウム、東急まちだスターホールなどを経て、現職。大学やカルチャーセンターでも天文の講演を行い、「星の伝道師」として活動している。著書に『星は友だち！はじめよう星空観察』（NHK出版）などがある。

長沼 毅（ながぬま・たけし） 天文・宇宙

広島大学大学院生物圏科学研究科教授。1961年4月12日生まれ。筑波大学大学院生物科学研究科博士課程修了後、海洋科学技術センター（現・海洋研究開発機構）研究員などを経て現職。宇宙飛行士採用試験の二次選考まで残った経験があり、世界の極限環境を調査し「科学界のインディ・ジョーンズ」とも呼ばれる。著書は『辺境生物はすごい！』（幻冬舎）など多数。

中村忠昌（なかむら・ただまさ）

生態教育センター主任指導員、葛西臨海公園鳥類園チーフガイド。1972年生まれ、宮崎県出身。小学生のころからバードウォッチングに目覚める。千葉大学大学院園芸学研究科修了後、環境コンサルタントの研究員として生物調査・解析などの業務に従事。監修に『自由研究にぴったり！ 夏休みの自然観察』（成美堂出版）がある。

成島悦雄（なるしま・えつお）

日本動物園水族館協会専務理事。1949年生まれ、栃木県出身。1972年に東京農工大学農学部獣医学科を卒業後、上野動物園と多摩動物公園の動物病院獣医師、井の頭自然文化園園長などを経て現職。著書に『動物の不思議』（ナツメ社）、『ポケットNEO動物』（小学館）などがあり、近刊『最強の生物』（ポプラ社）をはじめ、多数の図鑑を監修している。

林 公義（はやし・まさよし） 海の生物

魚類学者、横須賀市自然・人文博物館 前館長。1947年生まれ、神奈川県出身、日本大学農獣医学部卒業。現在は、各種メディアや日本安全潜水協会での活動を通じて、魚とその生態を観察する意味や楽しさを伝えることに力を注いでいる。著書は『私の博物記―林公義写真集 』（光村印刷）、『ハゼガイドブック 改訂版』（CCCメディアハウス）など多数。

藤田貢崇（ふじた・みつたか） 科学全般

法政大学経済学部教授。1970年生まれ、北海道出身。北海道大学大学院理学研究科博士課程修了後、北海道大学高等教育推進機構特任准教授などを経て現職。専門は、天文学、科学教育、科学ジャーナリズム。著書に『 NHKカルチャー ラジオ 科学と人間 ミクロの窓から宇宙をさぐる 』（NHK出版）などがある。

松田道生（まつだ・みちお） 鳥

日本野鳥の会理事。1950年生まれ、東京都出身。日本鳥類保護連盟事業部長、日本野鳥の会企画室長を経て、現在フリーランス。執筆や講演、フィールドでの指導などを通じて、野鳥の保護活動を行っている。著書は『鳴き声から調べる野鳥図鑑』（文一総合出版）、『カラスはなぜ東京が好きなのか』（平凡社）など多数。

丸山宗利（まるやま・むねとし） 昆虫

九州大学総合研究博物館准教授。1974年生まれ、東京都出身。北海道大学大学院農学研究科博士課程修了後、国立科学博物館、アメリカのフィールド自然史博物館の研究員を経て、2008年より九州大学で研究を続けている。専門は、アリと共生する昆虫の多様性解明。多数の新種を発見し、論文として発表している。著書に『昆虫はすごい』（光文社）などがある。

矢島 稔（やじま・みのる） 昆虫

ぐんま昆虫の森名誉園長。1930年生まれ、東京都出身。中学生時代から昆虫を観察し、東京学芸大学生物学科卒業後、上野動物園水族館館長、多摩動物公園園長、東京動物園協会理事長などを経て現職。著書は『黒いトノサマバッタ』（偕成社）をはじめとする「わたしの昆虫記」シリーズ、『蝶を育てるアリ―わが昆虫フィールドノート』（文藝春秋）など多数。

はじめに

1984年（昭和59年）にスタートしたラジオ番組「夏休み子ども科学電話相談」。当日にお電話でいただいた質問、事前に電話やメールでいただいた質問をジャンルで分け、それぞれの分野を研究されている先生方に、ご回答いただくスタイルで放送しています。

この番組が30年以上続いているのは、毎年の放送を楽しみにしてくださっている方々のおかげです。その中には、子どもはもちろん、お子さんやお孫さんをお持ちの方、放送でいろんなことを知ることができると期待してくださっている方もいます。

また、インターネット、特にSNSが登場してからは、番組を楽しんでくださる方の輪がさらに広がりました。今まで聴いていなかった方が、聴いた方の書き込みを目にして、「おもしろそうな番組があるね」と話題になることもあるようです。その盛り上がりをきっかけに、放送を生で聴く方の輪も広がっていると感じています。

そこで知っていただくようになったことのひとつは、私たち大人より、子どものほうが詳しいことがいっぱいあ

ること。質問を寄せてくれた子どもが、図鑑にあった生物の名前をたくさんおぼえていて、放送時にどんどん話してくれるということがよくあります。

　また、科学の世界では、新しい発見が次々になされているということもわかります。私たち大人が子どものころに見聞きした、理論や学説もアップデートされていて、「常識だと思っていたことが、新しく塗り替えられる」という楽しさもあるでしょう。たとえば、私が小さいときは「セミの成虫の寿命はだいたい1週間」とおぼえていましたが、実はそうとは限らないことをご存じですか？

　この本では、そんなふうに「ものの見方が変わる」可能性の詰まった、2016年の番組内容を凝縮してご紹介しています。先生のお答えがあまりにもストレートで圧倒された話、放送に立ち会った大人も「むずかしい！」とうなった話、毎日のように見ているものにまつわる、意外な質問にはっとさせられた話……。
「人間ではない生き物の話だけれど、なぜか人生の悲哀を感じさせる」など、聴いた側にもいろいろな思いが去来するようなエピソードもありました。あるいは、人間関係について、子どもの心が揺れ動くような時期ならではの疑問に、先生が一生懸命お答えになり、「それは大人にもある」と一同が感じた一幕もあります。

　内容は「科学についての相談」ですが、ひとつひとつの質問や回答に触れていくと、「科学は、自然でもあり人間でもあり、私たちの生活を取り囲んでいるすべてに通ずるものだ」と実感できるでしょう。

　そんなふうに、身近なものとして感じていただき、科学へのまなざし、つまり人間へのまなざしを深めてもらえたら、制作班として本当にうれしく思います。

　さて、この本の刊行後、2017年夏も「夏休み子ども科学電話相談」の放送を予定しています。NHKラジオのサイトおよびスマートフォンアプリ「らじる★らじる」では、「聴き逃し」サービスが始まっていますが、「夏休み子ども科学電話相談」も、このストリーミング配信に対応する準備を進めています。日中、お仕事や課外活動でラジオをお聴きいただけない方にも、番組をお届けできればと思っています。

　放送も本も楽しんでいただき、お子さんとのお話のきっかけ、あるいは大人どうしの会話のきっかけにしていただけますと幸いです。

2017年6月
NHKラジオセンター「夏休み子ども科学電話相談」制作班

CONTENTS

CONTENTS

第4章　大人もたじろく難問奇問

第1章

身近にある科学に納得

雑草は、どうして次から次に生えてくるのですか？

たくさんのタネが、チャンスを待っているんです

質問者 😊：小学校2年生（滋賀県）　　回答者 📻：田中 修先生

😊「『ざっそう』は、なぜ次々に生えてくるんですか？」

司会「おうちで生えてる？」

😊「生えてるー！」

📻「雑草が次々生えてきますかぁ？　家の庭に」

😊「はい」

📻「あー、雑草って言ってるけど、その雑草をよく見てくれたらね、いろんな種類の植物でしょ。おんなじ雑草じゃなくて。ひとつの雑草が春に生えてきたら、また夏に元気よく生えてくるのは違う雑草やね？」

😊「うん！」

📻「違う種類の植物が生えてきてるのね。『ざっそう』ってひとまとめにして呼ぶけど、雑草には、ものすごい種類の植物があるの」

😊「はい」

📻「ていねいに数えたら、身近な雑草だけでも1年で100種類は超えてしまうのね。季節を問わずに次々と植物の種類が入れ替わって生えてきてる！　っていうのを見てるんやね」

😊「はぁい」

📻「雑草じゃなくても、花だんとか庭とか、畑で栽培してる植物も、季節ごとに次々替わって育っていくでしょ？　春に育ってる野菜とか、夏に育ってる野菜とか……」

身近な雑草だけで100種類は超えます。雑草と思われがちですが、農家で栽培されることがあるレンゲソウのような植物も

「栽培している植物は、人間がタネをまいたり、苗を植えたりしているの。でも、雑草がエライのは、自分でタネをまいてるところなの！　タネもまかないのに次々と生えてくるのが不思議なんだよね？」

「はい」

「そやねぇ。雑草っていうのは、『も、の、す、ご、く』、たくさんのタネを作るの。そして、それを飛ばしたり、人にくっつけたりして撒き散らしてるのね」

「へぇぇー！」

「タンポポって知ってる？」

「はい」

「タンポポは丸い綿毛のものが風に乗ってバラバラになって飛んでいくでしょ？　あれ、1個1個下にタネがついててね、いろんなところに落ちるんよ」

「人間が栽培してる植物は、タネをまいたら、だいたいすぐ発芽して成長してくるんやね。ところが、雑草のタネは、土の中に落ちてもね、すぐには発芽しないものが多いの」

「自分が一番育ちやすい季節とか、条件がよくなったときに発芽するんです。そやから土の中に、そんなタネをいっぱい準備して、チャンスを待ってるんですよ！」

「へぇー！」

「ほんとに、土の中にそんなにたくさんのタネが発芽のチャンスを待ってるのか？ って調べようと思ったら、そのへんの庭の土を持ってきて、何かの容れ物に入れて水をまいて、光が当たるところに置いたら……」

「はい……はい……」

「必ず、雑草が発芽して芽生えてくるんです。1回それを実験でやってみて！」

「はい！」

—————— 元気なお返事！ ——————

「土の中に、いつでもたくさんの雑草のタネが、自分にいい季節、自分にいい場所になったら発芽しようと思って待ってる。そう、思ってください」

「はい」

「次々生えてくるのは、今、発芽のチャンスだと思ったときに出てきているんです。そやから、一生懸命生きてるものやからね、あんまり嫌ってやらずに」

「雑草もがんばって出てきたと思って見てください」

—————— ほかの先生方がくすくす、笑うのを我慢 ——————

もうちょっと解説

　雑草だと思われている植物の中には、日本にもとから生えている植物の生態系をこわす「特定外来生物」に指定されていて、栽培が禁止されているものがあります。庭などに生えてきたら駆除しなければなりません。

　該当種は、環境省のサイト「日本の外来種対策」(http://www.env.go.jp/nature/intro/1outline/list/) などで確認できます。ただ、正確に見分けるのはむずかしいので、できれば植物に詳しい人や地方環境事務所に相談するのが無難です。

特定外来生物の例

オオキンケイギク

オオハンゴンソウ

ナルトサワギク

アレチウリ

雨の日に、土のにおいを
強く感じるのはなぜ？

雨の降る前、降ったあとで、違うことが起きています

質問者 🙂：中学校1年生（東京都）　　回答者 📻：藤田貢崇先生

🙂「雨の日に湿気が多いと、土のにおいを強く感じるのは、なぜなのですか？」

司会「確かに雨の降る直前とか、独特のにおいがしますよね」

📻「これはですね、もともとは植物由来だと考えられているんですけど……植物から、ある種の油が出ているんですね」

📻「その油が、晴れているときに土とか岩のスキマにくっついていって。その成分が、湿度が高くなると土の中の鉄分と結びついて、におうようになると言われています」

📻「これが、湿度が高くなってきたとき、雨の降る直前のにおいなんですね。このにおっている成分は、雨が降ると洗い流されてしまうので、感じなくなっちゃうんですよ」

🙂「はい」

📻「その次に、雨が降ってる最中とか降り終わったあとは、なんとなくカビくさいにおいがしますよね。雨の前とあとで、ちょっとにおいの質が違ってくると思うんですけど」

📻「雨の降ったあとのにおいは、『ゲオスミン』っていう物質です。これは、細菌によって作られるにおいなんですけど、カビのにおいだとか下水のにおいとか、よく言われます。人間は、このゲオスミンをすごく敏感に感じるって言われていて、雨のあとの独特のにおいになってるんです」

📻「最初のほうの雨の前のにおいは、いつも雨が降ってるようなときは、感じることがなくなっちゃうんです。雨が降れば

におい成分が流されてしまうので、晴れてるときと雨が降っているときが、きっちり分かれてるような地域だと、よく感じると言われています」

司会「そうですか。雨の前は土のにおい、鉄の……？」

📻「植物の油と鉄が結びついたものは、『ペトリコール』という名前がついています。そのにおいがするんですね」

司会「雨の前はペトリコール、あとはゲオスミンのにおいですね」

📻「はい、カビや下水の……あまりいいにおいではないです」

司会「これにはいつ、気がついたのですか？」

😊「あの、雨の日に公園に行ったときに、葉っぱとか土のにおいを強く感じたので……」

その後

司会 においの成分って、雨に当たって増えるんですか？

📻 ペトリコールは、土に含まれている成分が、土の中の鉄と結びついておってくるんです。湿度が高ければ高いほど、よくにおうんですよ。けれど、雨粒に当たると消えちゃいます。ゲオスミンは、雨が降ったときに飛び散る小さな水滴として空気中にばらまかれ、においます。その成分自体は、土の中に入っていると思えばいいです。

司会 雨が降る予感のにおいってするわけですね。

📻 ペトリコールは湿度が高くなったら、においます。このにおいを感じて、もうすぐ雨が降るかも？　ってわかる人もいますね。けれども、私は雨が降る前のにおいはあまり感じないんです。特ににおいは人によって感じ方がかなり違いますね。

冷たいものを食べると
なぜ頭がキーンとするの?

理由がわかれば、痛くならない方法もわかります

質問者 😊：小学校1年生（高知県）　　回答者 📻：藤田貢崇先生

😊「どうして寒いものを食べたら、頭がキーンとするんですか？」

司会「あ、寒いって、冷たいものね」

😊「はい」

司会「食べて頭がキーンとなったの？」

😊「なったん……です」

司会「なったんですか（笑）」

冷たいカキ氷は、のども冷やします

📻「冷たいもの、好きですか？」

😊「はい」

📻「ねー、おいしいですよね。これで頭が痛くなる、キーンと頭が痛くなることだと思うけれど、そういうことですか？」

😊「はい」

📻「これはですね、理由がふたつあると言われていて。ひとつは、アイスクリームとかカキ氷とかを食べると、のどを通りますよね。そのときに、のどが急に冷やされてしまうんです」

📻「そして、体の温度が冷えてくると、もとの温度に戻そうとして、血液がたくさん流れるようになるんですね。血液がたくさん流れて、頭のほうに血液が多くなるので、頭が痛くなるんです。これがひとつめ。ここまで大丈夫？」

😊「はい」

📻「のどが冷えると、頭の方にたくさん血液が流れて頭が痛

く感じちゃう……のがひとつ」

「もうひとつ考えられてるのは、のどの奥、のどの部分が冷やされると、本当なら『冷たい』って感じるのを、間違って『痛い』と感じてしまう、というのもあります」

「で、こういうふうに冷たいものを食べて頭が痛くなるのを、医学的には『アイスクリーム頭痛』って言います。これ、正式な名前なんですよ。アイスクリーム頭痛って、どんな人にも起こるわけじゃなくて……ならない人もいるし、なる人もいるんです」

司会「ふぅーん」

「で、痛くなるのは嫌だよね？」

「うん」

「予防する方法が実はあるんです。それはですね、アイスクリームとかカキ氷を食べる前に、少し冷たい水を飲んでおくって方法なんですね」

「そうするとある程度、のどが冷やされているので、これで『あっ、冷たいものが入ってくるんだな』って準備ができるので、急に頭が痛くなることはない、と言われています」

「はい」

司会「じょじょに血液が増えるのがいいんですか？」

「そうですね。急に増えるのが、痛みの原因になってしまうんですね。冷たい水を飲んで予防できることが多いっていわれていますけど、『これで平気だー！』って思って、冷たいものをたくさん食べるとおなかをこわしちゃうから、ほどほどにしてくださいね（笑）」

司会「アイスクリーム頭痛って言葉をおぼえると自慢できるよね」

「はい」

スイカは果物みたいなのに
どうして野菜なのですか?

畑で育つ植物に「来年」はない??

質問者 😊：小学校3年生（岩手県）　　回答者 📻：高橋 亘先生

😊「スイカは果物と思っていたけれど、野菜というのは本当ですか？」

司会「野菜なんだよって、誰に教えてもらいましたか？」

😊「おばあちゃんに教えてもらいました」

司会「それが本当かどうか、知りたいのね？」

📻「スイカが果物みたいって思ったのは、なんでかな？」

😊「甘い……から」

📻「甘いと果物だと思うよね。ほかに『果物みたいだけど野菜』っていうのは知ってるの？」

😊「……メロンとか……」

📻「メロンとかスイカって、カボチャとかキュウリと近い仲間だって知ってた？」

夏の風物詩、スイカ。果物だと思って食べている人も

😊「……知りませんでした」

📻「近い仲間なのね、ちょっとこれおぼえといてね！」

😊「わかりました」

📻「それでね、スイカとメロン、果物みたいなんだけど」

「うん」

「まずね、果物と野菜って、どういうところで作られてるか考えてみよっか？　野菜はどこで作られてるの？」

「野菜は、畑とかビニールシートの中」

「畑にあって、ビニールシートかぶせたりして育ててるよね。そしたら、果物はどこで育ててるか知ってる？」

「うーん、ちょっとわからない」

「果物は、普通はね、果樹園で育てられているんだけど」

「あー、そうなんだ」

「このふたつをおぼえておいてくれる？　野菜は畑で、果物は果樹園で育てられてます」

「うん」

「もうひとつ、ちょっと難しいかもしれないけどね。畑の野菜は、年中同じものが植えられているんじゃないんだよね。タネをまくでしょう？　スイカが育って、できて……。採ったあと、スイカは畑からなくなっちゃうよね。果樹園は木だから、リンゴとかをとっても木は残る。それでまた次の年もリンゴがとれるよね」

「うん」

「畑で育つ植物は、普通、1年でだいたい終わり。果樹園で育つ植物、果物をとる植物は1年では終わらないで、何年もそこで果物

畑のスイカ。スイカは、ウリ目ウリ科スイカ属の植物

を作ることができるのね」

「そうなんですか！」

「ちょっとね、大人の間でもはっきりしないところがあるんだけど、おぼえておいてほしいのは、野菜は畑で作られて、果物は果樹園で作られる、ね」

「畑の野菜はだいたい1年、果樹園は何年もそこに植わって果物をとれる。そういうふうにおぼえておいてくれますか？」

「はい」

「ひとつ質問してみようか。クリってあるじゃん。クリ、好き？」

「好きです！」

「じゃあ、クリは果物ですか？ 野菜ですか？」

「……果物、かな」

「うんそう、クリは木からとれるから果物です。今のお話でだいぶわかってくれたと思う」

「だからスイカは1年でおしまいだし、畑で育つから、野菜ってことになっています。わかってくれたかな？」

「はい！」

―――――――― その後 ――――――――

司会 先生、果樹園のものが果物ということは、木になるものと同じと考えていいですか？

基本的に木になるものなんですけど、たとえば、バナナは木のように大きくなる多年生草本っていって、1年で終わらない草なんですね。

司会 そうすると、一概には言い切れないこともあるんですね。

そうですね、小学3年生
だと、畑のものは野菜、
果樹園なら果物って、お
ぼえてくれたらいいと思い
ます。

バナナは果樹園で育てられる野菜

もうちょっと 解説

　野菜と果物の分け方は、植物学上の分け方と完全に同じでは
ありません。きっちりと決まった定義はありませんが、植物の特
性や栽培方法、利用のされ方によって分類されています。

　よく話題になるスイカ、メロン、イチゴは、総務省の家計調査
では「生鮮果物」に分類しています。これらの作物がほかの果物と
同じように、デザートやお菓子の材料として使われるからです。

　農林水産省では、おおむね2年以上栽培する草や木の中で、果
実を食用とするものを果樹と呼び、その果実を「果物」としていま
す。そのため、栽培期間が1年以内のスイカやメロン、1年ごとに
新しい苗を植えて栽培するイチゴは、果物のように利用する野菜
という意味で、「果実的野菜」としています。

　また、バナナやパイナップルは植物学的には「草」ですが、栽培
期間が2年以上にわたるので、農林水産省では果樹として扱い、
収穫した果実も「果物」としています。

タネなしのモモやサクランボは
なぜないのですか?

本当のタネをなくすのには成功していますが……

質問者 👧：小学校6年生（滋賀県）　回答者 📻：田中 修先生

👧「タネなしのスイカやブドウがあるのに、タネなしモモやサクランボはなぜないのですか？」

司会「どうしてそのことを不思議に思ったの？」

👧「スーパーで、タネなしのスイカやブドウはあるのに、タネなしのモモやサクランボを見たことがないからです」

📻「タネなしのスイカとかブドウの作り方は知ってるの？」

👧「えーっと、薬？」

📻「ああ、タネなしブドウのほうを知ってるんやね。薬っていうのは『ジ・ベ・レ・リ・ン』っていう名前なんです！」

👧「へー」

📻「うん。言ってみてくれるかなー、ジベレリン」

デラウェア、ナガノパープル、シャインマスカットなどはタネなしが主流です

「ジベレリン……」

「それをおぼえておいてね。タネなしブドウを作るのに、つぼみをジベレリンの液に1回ひたして、花が咲いたときにもう1回ひたすっていう方法があるんやね」

ジベレリン溶液。タネなしにしたいブドウのつぼみや花をひたします

「同じ方法で、モモやサクランボでも、なんとかタネなしにしようとしてるの。それを試みた人もいはるよ」

「ところが、モモって、中に硬い殻があるでしょ。サクランボにも、けっこう硬い殻があるよね」

「うん」

「あれの中に本当のタネの部分があるんやけども……。そのタネの部分は、なくすのに成功してるんだって！　そやけど、あの殻がとれないと、モモもサクランボもタネなしの意味がないでしょ？」

「ああ〜」

——— 納得！　先生方が背後でくすくす笑っています ———

「だから、今のところはできてない、って言われてるの」

「へええ！」

「なかなか、『できない』ことは人に言わないからねえ。できたら『できたー！』って発表するけども」

「んふふっ」

「だから、どこまで研究が進んでるか、わからないけど。作ってみようと思ってる人はいはります」

📻「もうひとつのほうの、タネなしスイカっていうのはね、三倍体っていう言葉わかるぅ？」

📱「わかりません」

📻「タネを作るときに、おとうさんのオシベのほうからもらう遺伝子が1セット、おかあさんのメシベのほうも遺伝子を1セット持ってて、それが合わさって2セットになるんやね」

📱「うーん……」

📻「そういうのを普通の植物で二倍体って呼んでるの。それをね、薬を使ったり、ほかの方法を使ったりして三倍体ってのを作るんですよ」

📱「へー？」

📻「遺伝子は1セットずつ持たさないと、ちゃんとしたタネにならないのね。でも、三倍体は、どうやって分けたら1セットずつになるのかわからないの。それでね、タネが作れないうちに実がどんどん大きくなって、結局、タネなしになるの！」

📱「へーぇ」

───── なんとなくわかった感じです ─────

📻「これが、タネなしスイカです。さっきのジベレリンと、今度は『三倍体』っていう言葉をおぼえといてぇ！」

📱「はい」

📻「その三倍体の方法で、成功してるのはけっこうあるんよ。ビワって知ってる？　果物の」

📱「好きー！」

📻「中に大きなタネがあるでしょ、あれをなくすのに成功したんです！　だから、タネなしビワってのがあるの。まだ高いけどね」

📱「うふふっ」

「それからね、キンカンって食べる？」

「食べないけど知ってる」

「中にはタネがいっぱいでしょ、あれも成功してるの！」

「すごい！」

「あと、スダチっていうのもあるんやけどね、それもタネがいっぱいあったんやけど、タネなしに成功してるの」

―――――― 京都弁で、テンポのよい会話！ ――――――

「へぇぇ！」

「そんなんは、全部スイカと同じ三倍体の方法でやってるの。タネなしって言っても、タネをなくす方法がジベレリンと三倍体というのがあるので、これから、タネなしのことを聞いたら、どうやって作ってるのか考えていってください！」

「はーい！」

司会「お電話どうもありがとう。夏休み、元気にすごしてね」

「ありがとうございました。さようならー」

2004年ごろから存在が知られるようになった、タネなしビワ。千葉県の「希房」が有名です

どうすれば魚が何歳か、わかりますか?

今夜のおかずにする魚を、じっと見てみると……

質問者 😊：小学校2年生（福島県）　　回答者 📻：林 公義先生

😊「魚の『とし』は、どうやって数えればいいですか?」

司会「それは、魚を見て何歳かな〜? って知りたいの?」

😊「はい」

📻「あなたは小学校2年生だから、年齢は8歳?」

😊「はい」

📻「8歳だね、生まれてから8年目ってことになるね。魚の歳は、どうやって数えるかなんだけど……、やっぱり1年で1歳って数えていいと思うんですね」

📻「さて、その1歳をどこで見つけるか……なんですよ。どのお魚を見ても、いつ生まれたかって、わからないもんね」

📻「実は、お魚の年齢を知る方法は3つぐらいあります。おうちで確かめることができるから、これからお話しすることを実験してみてくれる?」

😊「はい」

📻「お魚にウロコがあるでしょ。このウロコを1枚はがしてみると、大きな魚のウロコ、たとえばタイだとか、スズキだとかの大型の魚のウロコは、1枚が大きいから、肉眼で見ると年齢がわかるんです。虫メガネを使うともっとわかります! じゃぁ、どこを見るかっていうと……ウロコって詳しく見たことないよね?」

😊「まだ、見たことないです」

📻「そしたらね、おうちで、おかあさんがごはんを作ってくれる
　　ときに、『紅ショウガ』って使うでしょう？」

🙂「はい」

📻「赤い色をしてるよね。その液を、おかあさんから少しもら
　　って、魚の体からとった1枚のウロコを、その紅ショウガの
　　液の中に、ちょっとだけ入れておくの。10分ぐらいでいい
　　かな」

📻「それでウロコを見ると、今まではよく見えなかったところ
　　に、赤い色の濃いスジが出てきます。そのスジを数えるとね、
　　魚の歳がわかるんです！　これが一番簡単な方法ね」

司会「濃いスジが1本あると1歳、2本あると2歳っていうことで
　　いいですか？」

📻「これから、そのことをお話しします」

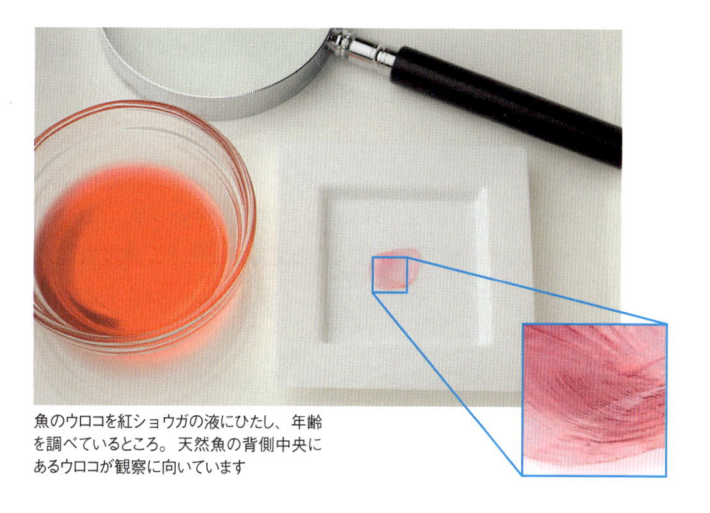

魚のウロコを紅ショウガの液にひたし、年齢
を調べているところ。天然魚の背側中央に
あるウロコが観察に向いています

木の年輪。冬などになって寒くなると成長が遅くなり、スジとスジの間隔が縮まるので、濃く太く見えます

📻「大きな丸太、木を切ると、年輪っていうのがあるの。知ってる？」

📱😊「はぁ、知りません」

📻「知らないかぁ。大きな木を横に切ると、その中にバームクーヘンみたいなスジがいっぱいあるんだよ。そのスジを数えていくと、この木が何年生きたのか？　何歳なのかがわかるんです。これを年輪って呼びます」

📱😊「ふぁい……」

📻「年輪って、木も温度が高いときは成長がいいのね。だから、スジがどんどん成長して広くなってるの。でも、寒くなると成長が止まるの。それで、気温が低いときには、そのスジが縮まって、濃く太く見えるの」

📻「魚のウロコの年輪もおんなじで、水温が高いときは成長が早いので、いっぱい大きくなって、色が薄いの。水温が低いときにはスジがいっぱい集まっているから、そこに紅ショ

ウガの赤い色がすごくよく染まるんだな」

🔊「だから、濃いスジを1と数えてもいいんだけど、実際は、薄いところと濃いところを合わせたのが1年なんだね」

😊「は…い…」

🔊「でもね、今はウロコを手に入れるのがむずかしいかもしれない。スーパーだとウロコを全部とってあるお魚が多いでしょう？　お父さんは釣りをやったりしますか？」

😊「しない」

🔊「そうか。じゃあ、おかあさんと一緒にスーパーに行くと、ウロコのついてるお魚もあるから、それを買ってもらって、調べたらいいかなー？」

😊「はい」

🔊「ほかには、耳石といって、魚の耳の中にカルシウムのかたまりがあるんだよね。実は、それを見ると魚の年齢が一番わかりやすいんだけど……。おともだち（あなた）の年齢だと、耳石を見るのはむずかしいんだよね」

🔊「魚の年齢を研究してる先生たちは、その耳石を使って年齢を調べています」

司会「では、ウロコを見るのと、耳の中にある耳石を見るのと、そのふたつの方法でいいですか？」

🔊「あと、実は背骨でもわかるんですよ」

司会「ほうほう」

🔊「でも、背骨で観察するのはむずかしいんですよ。やっぱり、みなさんの年齢ぐらいだと、ウロコが一番見やすいと思います」

司会「わかりましたか？」

😊「はい」

どうして、昆虫の脚は
6本と決まっているの?

歩くときにバランスがよい最小限の数

質問者 😊：小学校1年生（奈良県）　　回答者 📻：清水聡司先生

😊「どうして昆虫は脚が6本なんですか？」

📻司会「おぉ、よく知ってるね！　調べて知ったのかな？」

😊「はい」

📻司会「どんな昆虫を見たことがあるの？」

😊「セミとかバッタとかカマキリです」

📻司会「全部そうなのは、なんでなんだろう？　先生にお聞きしましょう」

📻「図鑑で調べたの？」

😊「はい、調べました！」

📻「自分でいろんな虫を調べてみて、6本やった？」

😊「はい！」

📻「えーっとこれね。どこから話すのか迷うんだけど……（笑）。昆虫って、頭と胸とおなか、みっつに分かれてるのは知ってる？」

😊「知ってます！」

📻「で、成虫になっていたら脚が6本。幼虫のときの脚の数はいろいろあるからね」

😊「はい」

📻「成虫になったときに、

トンボ（ナツアカネ）。頭部・胸部・腹部の区分がよくわかります

体が頭・胸・腹に分かれていて、脚が6本。ついでに言うなら羽(生物学では「翅(はね)」)が4枚。羽のないのもいるけど」

「これを『昆虫』っていう仲間にまとめたの。だから、昆虫図鑑に載っている昆虫は、脚が6本なんだね」

「ときどき、クモとかが昆虫図鑑のはしっこのほうに載ってるけどね。クモとかは昆虫って呼ばないの。知ってる?」

「うん、知ってまーす」

「そっか、そっから先へ行こう(笑)」

「昆虫の体は、頭・胸・腹に分かれてるって言いました。この胸の部分が、さらにみっつの部品でできてる」

「前胸・中胸・後ろ胸のみっつに分けることができるねん」

「その胸のひとつひとつに、脚が左右に2本ずつ生えてるの。だから、合わせると……?」

「ろく!」

「6本!　だよね」

司会「おー、すごーい!」

「そういうふうに昆虫の体って進化してきたんだ。だから、昆虫は脚が6本、胸のそれぞれに脚が2本ずつついてる」

「もっともっと、深く話そうか?(笑)」

「はーい」

─────先生と司会さん、少し笑っています─────

「昆虫の頭は、考える司令塔ね。命令を出すところ。胸の部分は運動、体を動かすために機能するところ。おなかは栄養をとったり、卵があって子孫を残したりするところ」

「それで、運動を担当している胸の部分が、前・中・後ろとあるので、脚が6本になった」

📻「この脚の6本というのは、少ない数でバランスがとれる、歩きやすい形なんだ！　4本だと、2本の脚を上げたときに2本しか残らないよね。2本脚で立たなきゃならない」

📻「6本あると、半分の脚を上げても、地につく分が3本残って安定する。歩きやすくて『バランスのいい、最小限の6本脚で進化』したのが昆虫です！　そうおぼえてください」

😊「はーい」

司会「昆虫、好きなの？　夏休みは、虫とりとかする？」

😊「うー。わかりません」

📻「虫とりしよう (笑)。それで4本脚の昆虫も探してみて！」

😊「えっ！」

司会「いるんですか？」

😊「4本脚は、いないよ！」

司会「ほらぁ (笑)」

📻「もしかしたらそれっぽく見えるのがいるかもね (笑)」

😊「ええー？」

司会「本当は6本なんだけど、4本に見えるのもいるんですか？」

📻「そういうのもいます」

司会「だってさ。でも、本当は6本っていうのは、正解だよ！」

😊「はい！」

──────── その後 ────────

司会「ぱっと見、脚が4本に思える昆虫って何ですか？」

📻「答え、言っちゃっていいんですか？ (笑)」

司会「うううーん、じゃぁ、ヒントだけでも」

📻「ヒントは……『チョウの仲間』に」

司会 「いるんですか？」

ラジオ 「はい、観察しやすいのがいます」

司会 「頭文字は……？」

————ほかの先生方が、後ろでくふふふっ————

ラジオ 「あの、複数いるんですよ (笑)」

司会 「そうですか。じゃあ、興味のある皆さんはぜひ調べてみてください」

もうちょっと 解説

　日本にいるチョウで、シロチョウやアゲハチョウの仲間は6本の脚を持っていますが、タテハチョウ、マダラチョウ、ジャノメチョウ、テングチョウの仲間は、一番前の脚が退化していて、脚が4本に見えます。

おなじみ、モンシロチョウやアゲハ(ナミアゲハ)には6本の脚があります

ジャノメチョウの仲間、サトキマダラヒカゲ。片側2本ずつ、合計4本の脚に見えます

マダラチョウの仲間、アサギマダラ。山地に多く生息しますが、街に現れることもあります

セミやカブトムシは、なぜ死ぬとひっくり返るのですか？

ひっくり返って死ぬ？　死んだからひっくり返る？

質問者 😊：小学校2年生（神奈川県）　　回答者 📻：久留飛克明先生

😊「セミやカブトムシは死ぬと、なぜひっくり返るのですか？」

司会「ああ、ひっくり返って死んじゃってるセミとかカブトムシ、いますね。そういうのをいっぱい見つけましたか？」

😊「去年、カブトムシを飼っていたら死んだときに裏返しになっていて。昨日、見たセミはひっくり返ってた」

📻「先生も今日歩いてくるとき、アブラゼミっていうのが道に落ちてて。まあ夏は、たくさんセミがひっくり返ってたり、道の上に落ちてたりするよね」

📻「先生のいる昆虫館の前のところにも、センチコガネっていう小さな虫なんだけども、しょっちゅうひっくり返って脚をバタバタさせてるんやわ。どういうことかというと……。ひっくり返ったから死んでしまったのかもしれない」

😊「ああー」

📻「だから、死んでしまったからひっくり返るんじゃなくて。ひっくり返ってもがいて、どうしようもなくなっちゃって、そこで、もがきながら動けない……。そういうことかなあって思ったりします」

📻「たぶんね、自然の中には平らなところって、なかなか少ないのかもしれないなと思うんです。ツルンツルンなところは、街の中ではたくさんあるけども。山に行くと、そういうツルツルな場所が少ないように思うんだけど、どう？」

😊「……うーん、少ないと思う」

📻「そうやと思うねん。昆虫たちは、そういう場所で生活していなかったから、ひっくり返ったときにもとに戻るのが苦手なのかもしれない」

📻「確かに、死んでしまって脚が『きゅーっ』と曲がったりすると、うつぶせになっていたのが仰向けにコロン、ってなるかもしれんよ。だからどっちが先かなあと思うんやけど」

📻「ひっくり返って死ぬのか、死んだからひっくり返るのか、その虫によって違うかもしれんね。ちょんちょんって触ったら、セミなんかは意外と『おまえ、生きてるやんか！』って、そんな場面ってあるやん（笑）」

😊「うん」

📻「本当に死んでしまってコロンってなってるときと、特にセミなんかは地面の上に落ちて、休んでることもあるんかな。夏はセミが目立つよね。だから、そういうこともあるのかな、って思ったりもします」

😊「わかりました」

司会「コロンってなってたセミは、近くで見てみた？」

😊「はい、触りました！」

司会「本当！　やっぱりそのセミさんは死んじゃってたんだ。今、カブトムシは飼ってるの？　その子は元気？」

😊「はい」

司会「じゃあまた、元気に育ててください」

カブトムシは背中側が丸いので、ひっくり返ると戻るのに体力を消耗しそう

蚊に刺されやすい人と
刺されにくい人の違いは?

質問者 😊：小学校3年生(福島県)　　回答者 📻：清水聡司先生

😊「蚊に刺されやすい人と刺されにくい人の差はなんですか？」

司会「確かにいるよね。あなたはどっち？」

😊「……うーん、刺されやすいかなぁ」

司会「刺されやすいかぁ！　おうちで刺されにくい人もいる？」

😊「おうちの人、全員B型だから……刺されやすい」

📻「んふふふっ(笑)」

司会「B型だと刺されやすいと思ってるんだね」

😊「うん、テレビでやってました」

司会「あっ、そういうことテレビでやってたんだ！　ふむふむ」

📻「ふふふっ、あはっ(笑)。よくテレビでやってるよね。O型の人が刺されやすいとか、A型は刺されにくいとか？」

😊「うん」

📻「先生、ちなみにA型だけどさ。刺されにくいよ、本当に(笑)。でも、それだけじゃないと思うねん」

📻「先生は(昆虫が専門で)血液型は専門ではないから、蚊とかアブとかの吸血性昆虫、血を吸う昆虫が、どういうしくみでエモノ………まぁ、人間を狙っているのか？　というお話をしたいと思います」

😊「はい」

📻「蚊が、血を吸うために、どうやって人間を見つけているのか？　って、何かひとつぐらいわかるかな？」

😊「汗？」

📻「そうそう、汗をかくのは動物の特徴というか、生きてるから汗をかくよね。蚊は汗のにおいを感じて寄ってきます」

😊「うん」

📻「これは、血が通ってるかな？　っていうひとつの目印になるよね。それから？　ほかにも何かあるかな？　プールの前に、おうちで計ってきてくださいっていうのない？」

😊「……」

📻「プールに入る前とか、健康チェックのときとか？」

司会「風邪をひいたときに計るかな？」

😊「体温？」

📻「そうそうそう、体温……温度ね。人間の温度も蚊がエモノを見つける目印なの。それから、知らないうちに、ずーっと人間はやってるよ。呼吸！　息をしてるよね」

😊「うん」

📻「息をすると……。二酸化炭素ってわかる？」

😊「はい」

📻「息をすると、空気の中の酸素を吸って、二酸化炭素を出してるのね。それも、蚊が人間を見つける目印になるの。それからねー、もうひとつあって……」

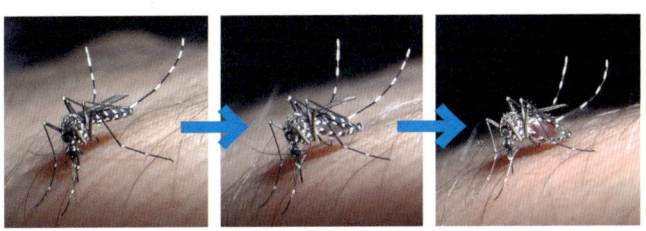

日本には、やぶ蚊として知られるヒトスジシマカ（上の写真）、ほかに蚊として一般的なアカイエカなどがいます。血を吸うのは、交尾をしたメスの蚊だけです

📻「『黒っぽい服を着てるとハチに刺されやすい』って言うよね。聞いたことないかな？　ハチは、黒い服を着てると、クマみたいな大きな動物だと思って襲ってくるって言うんだけど、実は蚊でも、黒っぽい服を狙ってきます」

😊「ふぅーんー！」

📻「まだたくさんあるんだけど、いくつかのことが交じり合った感じ、二酸化炭素をいっぱい吐いたり、体温が高かったり、元気に汗をかいてたり……する人を、狙ってきます」

📻「だからね、今、3年生やね。めっちゃ元気に外で遊んでるんちゃう？」

😊「うっ、うん」

📻「遊んでるし、成長してるところやろ。体の中でたくさんの酸素を使って二酸化炭素を出したりとか、汗をかいたりして新陳代謝が活発なの。だから、先生とあなたが一緒に歩いていると、あなたのほうが蚊が『おいしそう！』って思って刺してくると思う」

😊「ふぅん」

📻「蚊に狙われやすいものを、若い人のほうが出しやすいの。だからね、先生のところの飼育スタッフも、1人だけ蚊に刺されてくれる人がいるのよ」

📻「だから、活発に活動してる人のほうが刺されやすいみたい」

😊「はい」

📻「子どものほうが刺されやすいんだけど、大人もお酒を飲むと汗をいっぱいかくし、二酸化炭素も出すし、お酒のにおいもするので、蚊がすごく寄ってきます！　刺されたくなかったら、おうちの人にお酒を飲んでもらって、近くにいてもらうと、蚊はそっちに行っちゃうかもしれない（笑）」

「はい」

司会「うふふふっ」

「先生たちは、蚊を調べるときにトラップ（わな）を仕掛ける
　ことがあるんやけど、そのときには二酸化炭素のかたまり、
　ドライアイスってわかるかな？」

「……」

「わからないか。あのね、冷凍のお肉とかアイスクリームを
　買ったときに、お店で入れてくれる冷たーいのがあるの。
　氷だと溶けちゃってべちゃべちゃになるけど、ドライアイス
　は二酸化炭素をぎゅっと固めたものなのね。しくみは、わ
　からんかったら『科学』の先生にお電話して！（笑）。そうい
　う二酸化炭素のかたまりを入れておいて、『動物がここに
　いますよ〜』ってだまして蚊を捕まえます」

「はい」

「そんな感じで、元気だから蚊に刺されるんだと思っておい
　てください」

司会「おさらいしていい
　ですか？　蚊に刺
　されやすい人は、
　体温が高くて、汗
　をかきやすくて、
　呼吸が活発で、服
　の色が黒っぽい人
　でいいんですね」

「そうです」

アサガオの葉は、
なぜふさふさしているの?

自分がその上に乗ってみたら、って考えてごらん

質問者 😊：小学校1年生(栃木県)　　回答者 📻：高橋 亘先生

😊「アサガオの葉っぱは、なんでふわふわしてるんですか?」

司会「ふわふわしてるのは触ってみてわかったの?」

😊「はい」

司会「アサガオ、育てているんですか?」

😊「はい」

📻「自分で見て毛がふさふさしてたのかな?　葉の表面が、あっ、葉の『おもて』がふさふさしてたの?」

😊「はぁい」

📻「毛が生えてるように目で見えていたかな?」

😊「手で触って感じた」

📻「目では見える?」

😊「目でも見える」

📻「どういうふうに思う、その毛?」

😊「わからない」

📻「じゃあさ、あなたが、うーんと小さくなって、アサガオの葉の上にぽんって乗ったのを考えてみてくれる?」

😊「……」

📻「考えた?　ふふっ」

😊「はい」

📻「すると、アサガオの上に乗ってるよね。毛がふさふさしてるでしょう。頭の中で歩いてみてくれる?　歩きやすい?」

花の咲いたアサガオ。葉にはふさふさと毛が生えています

😊「……歩きにくいー」

📻「わははっ、そうなんだよね。アサガオの毛っていうのは、たぶんね、虫にとっては、今言ったみたいに、歩くのに邪魔なんじゃないかと思う」

📻「あとね、同じアサガオでも、毛のあるアサガオがあって、もうひとつ、毛のないアサガオもあった場合……。虫がね、『アサガオの葉っぱ、おいしそうだな〜』って来たとき、どっちを食べると思うかな？」

😊「……」

📻「毛のあるほうと、毛のないほう、どっち？」

😊「毛がないほう！」

📻「毛がないほうが、簡単に食べられそうだよね」

😊「うん！」

📻「今、答えてくれたように、アサガオの葉っぱに毛があるの

は、虫に食べられないようにしてるためって、考えられるん
じゃないかな？　そう思わない？」

「はい」

「あとね、アサガオ以外にも毛が生えてる植物って、たくさ
んあるんだよね。ハーブって聞いたことある？」

「わから……な、い」

「ハーブって、いい香りのする草とかね。あと、トマトを知
ってるでしょう？」

「はい」

「トマトも、いつもは実しか見ていないけど、茎とか葉に細
かな毛が、たくさん生えてたりするんだよ。そういうのもね、
毛を使って実を守ってるんだと思う」

「ああー！　はい」

「ほかにも理由はあると思うんだけど、今はそれをおぼえて
くれていたらよいと思います。いいですか？」

「はい」

アサガオの葉を拡大して見たところ

もうちょっと 解説

　植物の葉っぱや茎などに生えた毛には、先生が説明された意味を含めて、以下のように、いろいろな働きがあります。

●葉につく生き物（小さな虫）を行動しにくくさせたり、葉を食べにくくさせたりして、食害を防ぎます。

●毛を日よけにして強い太陽光から身を守ります。また、水分の蒸発を防いだりして乾燥からも守ります。

●細かい毛をびっしり生やして空気をため、外気に直接触れないようにして、暑さ寒さから植物を守ります。

●虫よけの作用、抗菌・抗カビ作用のある物質を出す毛を持っている植物もあります。

トマトの茎や実のヘタ（花のガクだったところ）に毛が生えています

ダイズ（エダマメ）の豆のサヤに、毛が生えているのがわかります

ナスの茎にも、細かな針のような毛が、たくさん生えています

走ると、横ばらが痛くなるのは
どうしてですか?

ほぼ毎日、3kmを走る小学生からの質問

質問者 😊：小学校3年生（静岡県）　　回答者 📻：篠原菊紀先生

😊「マラソンのとき、なぜ、おなかの横が痛くなるのですか?」

司会「よく走るの?」

😊「はい」

司会「おうちの周りとか、学校で?　自分で走るの?」

😊「……だいたい3kmぐらい。おかあさんと一緒に」

📻「えぇー、へぇー!」

——————— 背後で、先生方の低い感嘆の声 ———————

司会「すごいね!　どれぐらいかかるの、その3kmって?」

😊「20分ぐらいかかります」

📻「はぁー、ほぉー!」

——————— 先生方のため息が続きます ———————

司会「それで、おなかの横がいつも痛くなるの?」

😊「うん、いつもだいたい痛くなります」

📻「痛くなるのは、おなかのどっち側?」

😊「右と左、だいたいどっちも」

📻「どっちもか、えっとね……。おなかの右側が痛くなるときには、肝臓が……。肝臓ってわかる?」

😊「はい」

📻「ああ、肝臓わかる!　大きな臓器で、小学校3年生だともう1kgぐらいの重さがあると思うんだけど、そういうちょっと重たい内臓が右側にはあるんですよ」

📻「走るとそれが上下にゆれるのね」

📱「……」

📻「すごくゆれて、横隔膜っていう境になってるところを引っ張っちゃうんですよ。そうすると痛くなるんだよね」

📻「だからそれを防ぐには、上下動が少ない正しいフォームで走ればいい。先生に教わったような、きれいな走り方をするといいらしいよ」

司会「はぁー」

———————司会さんも思わず納得のため息！———————

📻「で、左側が痛くなるときもあるじゃない？」

📱「はい」

📻「左側が痛くなるときには、どうも原因がふたつあるらしくて、ひとつは……脾臓（ひぞう）っていうのがあるんだけど、わかんないよね。聞いたことある？」

📱「聞いたことありません」

📻「うん、ネットか何かで調べてもらえばいいんだけど」

📻「左側には、血液を1回ぐーっと溜めておいて、必要なときに出したりする臓器があるんですよ。運動をすると、体が血液を必要とするんですね。それで一気に押し出そうとして、そこが痛くなっちゃうことがあるんですよ」

📱「はい」

📻「もうひとつは……。腸はわかる？　大腸とか小腸とか」

📱「はい」

📻「おなかの中で腸はいっぱい曲がっている。おなかの中の解剖図とか、見たことがあると思うけど……。大腸は四角くなっていて、角があるでしょ。走ってると、そこにガスが溜まりやすくて、それが圧迫して痛みが出ることがあるらしい」

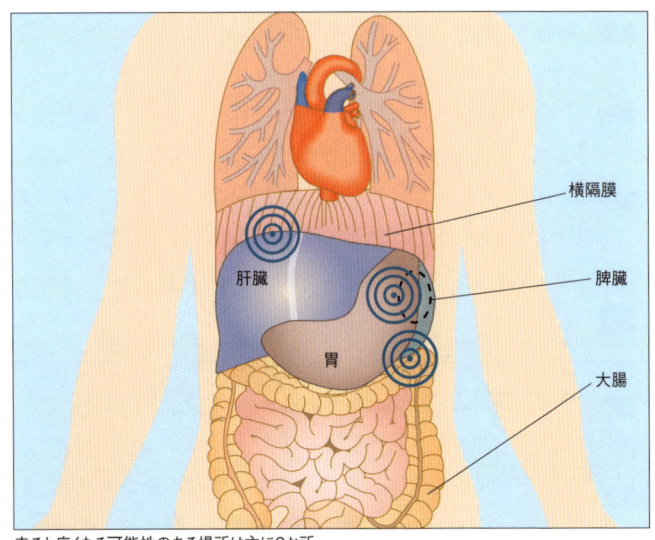

走ると痛くなる可能性のある場所は主に3か所

（図中ラベル）横隔膜／脾臓／大腸／肝臓／胃

📻「上とか下が痛くなるときはある？」

📱😊「ないです」

📻「たぶん、ちゃんと体調を管理して走ってるからだと思うんだけど。食べた後にすぐ走り出すと、食べたものを消化するのに血液が必要で、走るのにも血液が必要だから、おなかのほうに血液が行かないで消化不良になっちゃう。だから、おなかが痛くなることもあるんだけど……」

📻「そういうのを防ぐには、走る前にはあんまり食べない。バナナぐらいは食べたほうがいいんだけどね」

📱😊「はい、わかりました」

📻「なんでおなかが痛くなるかっていうと、中でいろんなことが起きちゃうらしい。動いたり、引っ張ったり、膨らんだり、あるいは縮んだり（笑）。それで痛くなっちゃうんです。

痛くなったら、体をゆっくり伸ばしてみたり、深呼吸したり
すると多少はいいらしい。いいですか？」

「はい」

--- **その後** ---

司会　「毎日走ってるの？」

「走れるときはだいたい毎日」

「へぇ、すごいな！」

司会　「どんなときに走ってるの？　朝、夕方？」

「夕方」

司会　「今、暑いから大変だね」

「ちょっと、一言いいかな」

「運動することと頭のよさってあまり関係ないって世の中の
人は思ったりするけど、しっかり運動している人のほうが、
学業成績がいいっていうのが……」

司会　「あははっ（笑）」

「今の一般的な結論になりつつあるので、しっかり運動して
ください！」

「そうですか、はい！」

ハート形や星形の
シャボン玉は作れないの?

表面積、つまり膜の広さがポイントです

質問者 😊：小学校2年生（埼玉県）　　回答者 📻：藤田貢崇先生

😊「もしもしぃ、こんにちは。ハート形や星形のシャボン玉は、作れないのですか？」

司会「よくシャボン玉を作るんですか？」

😊「……はぁい」

📻「シャボン玉で星形とかハート形が作れたら、楽しそうですね」

😊「はい」

📻「でも、残念ながら、それはできないんです。ハート形をした枠を作って、その枠でシャボン玉を作るとか、あるいは、星形をした枠を作ってシャボン玉を作るのは、できるんだ

ふわふわ動くシャボン玉

けれども。できたシャボン玉は、全部、球……。ボールの形になっちゃうんです」

😊「はい……」

―――――――― すごく残念そうです ――――――――

📻「シャボン玉の膜っていうのは、いつも膜（の表面積）を小さくしようとする働きがあるんです」

📻「そうすると同じ体積で……体積ってわかるかな？」

😊「わかりません」

📻「もののカサ、量ですかね。膜はわかるよね。シャボン玉そのもの、ふわふわ動くでしょ、あれ。あれが一番小さくなるように形が決まっちゃうんですよ。そうすると、いつも球になっちゃう。球ってわかる？」

😊「うん」

📻「あのボールの形になっちゃうんですね、最終的には……。ハート型とか星型とか作りたくても全部、球の形になって」

😊「はい」

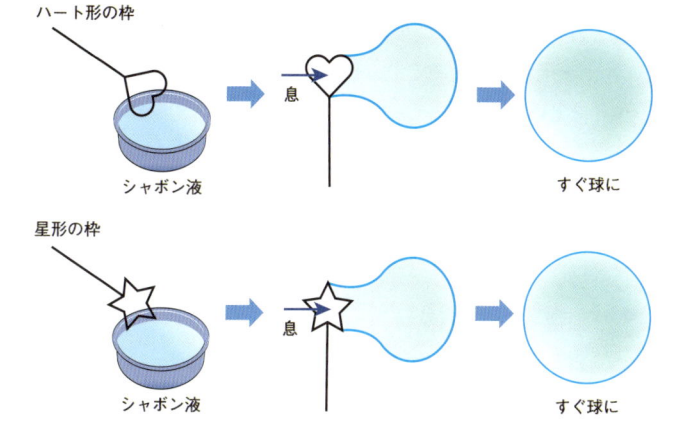

ハート形の枠

シャボン液　　息　　すぐ球に

星形の枠

シャボン液　　息　　すぐ球に

「残念ながら、期待するような形にはならないんですね。表面張力っていう働きがあって、シャボン玉は『いつも表面の面積が小さくなるようになりたい！』から……。なのね」

──── ここで先生、話題を変えて ────

「丈夫なシャボン玉を作りたいと思ったこと、ありますか？」

「……はい、あります」

「せっかく作るんだったら、長もちするシャボン玉のほうがいいですよね」

「はぁい」

「試したことありますか？」

「ないです」

「たとえば、洗濯のりが……洗濯のりって知ってる？」

「知らない」

「洗濯するときにパリッと仕上げるための……。おかあさんに聞いたらわかると思いますけれど、その洗濯のりを入れるとか……」

「はい」

「あるいは、砂糖とかハチミツを混ぜて作ると、丈夫なシャボン玉ができるんです。ぜひやってみてください」

「はぁい！」

司会「ハート形や星形はできないけれど、丈夫なシャボン玉はできるそうです」

「はい！」

司会「面積っていう言葉は知ってるかな？」

「言葉自体を知らないですぅ」

司会「もう少ししたら学校で習うかもしれないけど、広さのこと

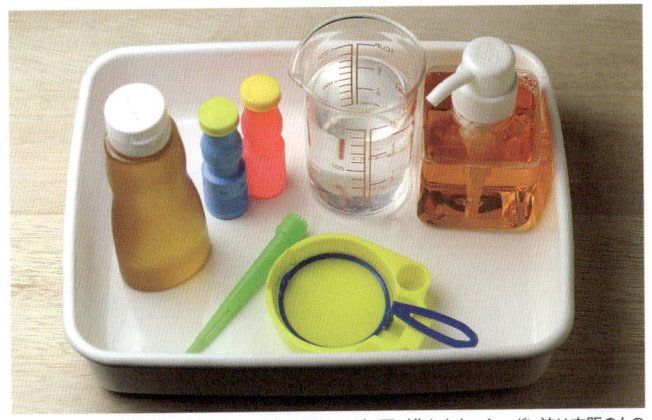

シャボン液にハチミツなどを混ぜると、長もちするシャボン玉が作れます。シャボン液は市販のもののほか、キッチン用中性洗剤を水で薄めて作ることもできます（誤飲に注意）

を面積って言うのね」

😊「はぁ……」

司会「ボールの表の広さが少なくなるように、ものごとってできてるんだって。だからそれが一番小さいのが……」

📻「球！」

司会「ボールの形なんだって、それだけおぼえておいてくれる？」

😊「はい！」

―――――――――― その後 ――――――――――

司会　表面張力っていう言葉が生きてくるお話なんですね。

📻　そうですね、ええ。残念ながら、ハートとか星の形は作ることができないので、長もちするようなシャボン玉を作って遊ぶのが、今できることですね。

第2章
すごい生物と驚きの生きざま

チョウは花の色を見て来るのですか?
においをかいで来るのですか?

人間と昆虫、見ている世界が違うのです

質問者 😊：小学校1年生（東京都）　　回答者 📻：矢島 稔先生

😊「チョウは花の色を見て来るのですか？　においをかいで来るのですか？」

司会「どうして不思議に思ったの？」

😊「にせものの花にチョウが来るのを見て不思議に思いました」

司会「そうなのね。先生、お願いします」

📻「はい、チョウがどんな花に来るかを見てるんだね？」

——— ここで先生、声のトーンを下げて ———

📻「実はねぇ……。花は、ぼくたち人間が見ているのとチョウが見てるのとは違うように見えてるんです。昆虫の目っていうのは複眼でしょ？　複眼って知ってるかな小さな……」

😊「知らない」

📻「小さな目がいっぱい集まってるんだよ、チョウもハチも。で、こういう実験はミツバチを使ってよくやってるんです。なぜかっていうと、ミツバチはよく花に来るじゃない？」

😊「うん」

📻「花に来てミツも飲むし、花粉も集めるでしょ？」

😊「うん」

📻「チョウって、ひとつの花のところに何度も来ないよね。だからミツバチのほうが調べるのに便利なんだ」

📻「人間は可視光線といって、色の見える範囲が決まってるのね」

菜の花を人間が見ると、全体が黄色に見えます（左の写真）。一方、虫が見ると、花の真ん中が黒く見えます（右の写真、紫外線ストロボを使用）　　　　　　　　　　　（写真：矢島 稔先生）

「う……うん」

「ところが、人間が見てる色ってほんのわずかしかないんだよ。人間は、紫から赤の可視光線が見えるのね。昆虫の目を調べてみると、人間には見えない紫外線っていう色が一番よく見えているんですって」

「？？？」

「それで、紫外線だけが写るカメラで花を撮ってみました。人間が見ると菜の花なんて真っ黄色にしか見えないでしょ、ところが紫外線で撮るとぜんぜん違うのね」

「何が違うかっていうと……。菜の花って小さい花がいっぱい咲くでしょ、見たことある？　あのね、あの花びらの内側が黒く写るんですよ。だから人間の目で見てると、全体が黄色いんだけど、紫外線で見ると花の真ん中が真っ黒、とっても変な写真なんです」

―――――― 先生の解説が止まりません ――――――

「つまり、チョウやミツバチは、紫外線が見える目で花を選んでいるの。それを知っている人は、紫外線での見え方も考えた、『特別な造花』を作っているかもしれない」

「あとね、チョウもハチも『におい』にとっても敏感なのね。昆虫には触角ってあるでしょ！　人間にはわからないけど、花のミツとか花粉のね、特別なにおいが、ほんの少しするだけで、甘いミツがどこにあるのか、すぐにわかっちゃう。人間が造花で、ミツとか花粉のにおいをマネするのはむずかしいから、本物の花からとってくるしかないと思うんだけど」

「だから、普通の造花にはチョウが来ないの。人間が見てきれいだなと思っても、チョウやミツバチにしてみると『何これ？　花みたいだけど、ミツなんか出てないじゃない』って思うの」

司会 「ふむふむ」

──────── 司会さんが相づちを打っています ────────

大人しい見た目のヤブガラシの花は、ミツのにおいで多くの昆虫を引きつけます

📻「紫外線での見え方やにおいまでマネた造花があるかもしれないけれど、普通の造花は紫外線を吸収しないから、昆虫は選ばないんです」

司会「ふむふむ」

📻「もし、チョウが来た造花があったら、その造花を作った人に聞いてみてね。特別なことがしてあるかもしれない……。わかりました？」

司会「にせもののお花って、どこにあったお花なのかな？」

😊「パチンコ屋の……」

司会「パチンコ屋さんにあったの？」

———— 一同、爆笑 ————

司会「そうかぁ、それはたまたま来たのかもしれませんね」

📻「そうだねぇ」

司会「先生のお話、わかりましたか？　人間にはわからない色を見たり、ほんの少しのにおいを感じて、チョウチョがお花にとまるみたいね」

司会「いいですか？」

😊「はい！」

もうちょっと 解説

紫外線写真で花の中央部が黒っぽく写る、あるいは花びらに見える黒っぽい模様は、「ネクターガイド（花蜜標識）」と呼ばれています。なお、カタクリの花の模様のように、人間の目で見える場合もネクターガイドと呼ぶことがあります。

カタクリの花、花の中心に模様があります

ホタルはなぜ光るのですか？
また、その光はなぜ緑色なの？

質問者 👦：小学校5年生（大阪府）　　回答者 📻：丸山宗利先生

👦「ホタルはなぜ光るのですか？

　　なぜ緑っぽい色をしているので

　　すか？」

司会「ホタル、見ましたか？」

👦「おとといのキャンプで見ました」

司会「いいねー。どこへ行ったの？」

👦「滋賀県です」

📻「なんていうホタルか、おぼえてる？」

👦「わからないんですけど、ちっちゃかったです」

📻「この時期だったら、ヘイケボタルかなぁ。どうやって光る

　　かっていうと……。ホタルの体の中には『ルシフェリン』っ

　　ていう発光物質があります。ちょっとむずかしいんだけど、

　　発光するもとの物質ね。それに『ルシフェラーゼ』っていう

　　酵素と『アデノシン三リン酸』っていう物質が、化学反応を

　　起こすことによって……」

👦「えっ、えっ？」

📻「光エネルギーが発生して光ります。ちょっとねぇ、むずか

　　しい言葉を使わないと説明しにくいんだけど。とにかくね、

　　物質が混ざって光が出ます」

📻「それでね、なんで緑色かっていうとね。実は、いろんな生

　　物が同じような方法で光るけども、発光物質のルシフェリ

ンの中身がちょっとずつ違うの。だから外国には、オレンジ色に光るホタルとか、黄色く光るホタルなんかもいます」

「何のために光るかっていうとね」

「はい！」

「まず、ホタルはだいたい毒を持っています！　昼間見ても、胸が赤くて、羽が黒くて、なんとなく毒々しい色をしてると思うんだけど」

「はい」

「光ることによって敵に『食べてもおいしくないよ〜』ってことをね、おぼえさせるの。鳥とかトカゲとかに……。『自分は体に毒を持っているよ！』と示すことがあります」

「それとあと、ホタルのオスとメスどうしで求愛といってね。『ここにオスがいるよ〜』『メスがいるよ〜』ってお互いに示す。そういう意味も持っています。わかったかな？」

司会「ということでした。どうですか？　先生のお話」

「ちょっとむずかしかったです」

司会「あっ、むずかしかった？　どのあたりかな？」

「うーん」

司会「毒を持ってるって知ってた？」

「知りませんでした」

司会「そういうのを知らせるためにも光るんですね」

「派手な色を持ってる昆虫も、似たような意味で、そういう場合が多いです」

司会「キャンプのときに、ホタルが光ってるのを見たんだよね？　ホタルを実際に近くで見た？」

「近くまで行って、黒い色のホタルを見ました」

司会「実際に見たものに対する疑問は、大きく膨らみますね」

働きアリが全部メスなら
オスは何をしているのですか?

交尾が全仕事、しかし生涯未婚のアリも……

質問者 😊：小学校5年生（北海道）　　回答者 📻：久留飛克明先生
　　　　　　　　　　　　　　　　　　　　📻：小菅正夫先生

😊「本で、働きアリは、すべてメスだって書いてあったんです
　　けど、オスは何をしてるんですか？」

📻「働きアリは全部メスやねん。アリの巣の中は、女王さんも
　　メスやし、働いているアリも全部メスで、オスは普段はどこ
　　にもいないんです」

😊「おっ、そうなんですか！」

📻「そうやねん……。あるときだけ出てくるんやけども。えっ
　　と、羽アリってのは知ってるよね」

😊「うん、知ってる」

📻「その中にオスが混じっていて、そのときに初めてオスが現
　　れてくるねん。なんでそんなことができるのかっていうと、
　　女王さんが産み分けることができるねん。受精した卵から
　　出たのがメスで。受精せずに産んだ卵から出たのがオスや
　　ねん」

📻「働きアリってメス
　　ばかりで、エサを
　　集めたり巣を大き
　　くしたり卵を育て
　　たりしてるけど、
　　オスの役割は交尾

クロオオアリの女王アリが、卵の世話をしています

をするだけやねん」

😊「うー、はい」

📻「（そのときに）なんで結婚飛行※なんてするのか？ というと。新女王が別の巣の相手と出会って、新しい遺伝子というか違う性質のものを混ぜて、力を蓄えるというか……」

クロオオアリのオス（羽アリ）、役割は交尾だけ

※多くのアリに見られる、大規模な集団お見合いのような行動。たとえば、公園などにいる大きめのアリ「クロヤマアリ」なら毎年6月ごろ、あちこちの巣の中から、羽のはえた新女王アリと、同じく羽のはえたオスアリがいっせいに出てきて、空を飛びます。そこで、新女王（メス）とオスが出会うと交尾をします。その後、新女王は地上に降りて羽を落とし、巣穴を掘って、新しい巣を作ります。

📻「個性を作るためにオスとメスが交尾をするんだけども、個性っていうのは、わかる？」

😊「はい、わかります」

📻「んー、走るのが速いとか勉強ができるとか、そういうふうな個性が昆虫にもあって、そんなのがいろいろ混じってるほうが強いって言われてるねん」

😊「へー、そうなの」

📻「オスの役割はまさしくそこで、違う血を混ぜることで新しく家族を作る、遺伝子のバラツキが……、個性がある家族を作ろうとする、その役割をオスがしてんねん」

😊「うん、はい、わかりました」

—— ここで先生の口調が急にゆっくりに、感情を込めて ——

📻「でね……。交尾をしたら、オスって何の役割もないので。死んでし、ま、う、ね、ん……」

📻「どう思う？ オスは働くっていっても交尾がすべてで、運

よく交尾できたオスアリは幸せなんやけど……。結婚飛行をしても新女王に出会うことなく、交尾もできなくて……。そのまま死んでしまうオスアリもたくさんいるんや」

「はい……」

「でも、アリの家族が強くなるためには仕方のないことやねん。そういう具合にして、アリは生き延びたってことやねん」

「わかりました」

司会「先生のお話を聞いてどう思いましたか？」

「はい。えっと、オスは交尾したら死んじゃうんだな……って思いました」

「ふふっ」

司会「そうだね、びっくりしたね」

———その後———

司会 ということは、アリではメスのほうが、オスよりも圧倒的に多いということなんですか？

多いというか、メスしかないんです。

司会 巣の中にはメスだけ…なんですね。たまにオスが1匹だけ？

時期が来れば、オスはたくさん生まれます。種類によるんですけども、春にたくさん羽アリを作って、違うコロニーと合コンしたりとかね……。

司会 そのことによって個性を作り出したりとか？

そうですね。

司会 アリみたいな生態の動物（ほ乳類）もいるとのことですが？

——— ここで動物担当の小菅正夫先生が登場！ ———

そうなんですよ、本当にねえ、びっくりしますよ。「ハダカデバネズミ」って、名前もすごいでしょ！ 大きさは10cmぐ

らいで、ハダカでほとんど毛が生えてなくて、デバ……口を閉じていても歯が出ているネズミが、アフリカにいるんですよ。

📻 女王がいて赤ちゃんを産む、巣の中に王様もいてこれはオス。交尾をしても死なないけれど、王様は交尾しかしない。ほかに、同じメスでもトンネルを掘る係とか敵と戦う係とか、エサを運ぶ係とか、冷えたときは女王様の下に寝そべってザブトン代わりになるデバとか、いろんな役割を持って、30〜100頭ぐらいが群れで暮らしてるんですよ。

司会 えっ、アリのように地中で暮らしてるんですか？

📻 ほとんど地面の中です。さっき合コンって言ってたでしょ、羽アリは空が飛べるけど、ハダカデバネズミは飛べません。ずっと地中にいるから、地表に出てきてもまぶしくて（目がかなり退化していてほとんど）見えない。

📻 そんな中で、勇気があるというか、旅に出るやつがいて、偶然、そういうオスとメスが出会ったら、新しい群れができる……というんだけど、その現場は見たことないです。複雑すぎて、動物……生き物ってすごいなあと思いますよ。本当に、おもしろい生き物です。

ハダカデバネズミ。埼玉、上野、札幌の動物園で見られます
（写真：高山景司）

どうして動物には、
草食動物と肉食動物がいるの？

草食動物しかいないと考えてみると……

質問者 😊：小学校3年生（鳥取県）　　回答者 📻：小菅正夫先生

😊「どうして、草食と肉食があるんですか？」

司会「それは、動物全体のお話？　それとも何か特別な種類の動物のお話？」

😊「動物全体のお話」

📻「草を食べるのが草食動物、肉を食べるのが肉食動物だよね。ほかにどんなのがいる？」

😊「……」

📻「あなたは草だけ食べる？　肉だけ食べる？」

😊「……どっちも食べる」

📻「ん？　いろんなもの食べるんだね。こういうのを雑食動物って呼ぶんだよ、なんでも食べるのを。まぁとにかく、いろんな動物がいるんだけど、どうして草食動物と肉食動物がいるのか？　って質問だよね」

😊「はい」

📻「じゃあ『草食動物だけ！』がいると考えてみよう。そうするとどうなると思う？」

📻「草食動物は草を食べるんだよ！　木の枝とか葉っぱも食べるけどね。そして、どんどん赤ちゃんを産むんだよ。どうなると思う？」

😊「……えっ、草や枝や木の葉っぱが、減る」

📻「そうだよね、草もどんどん食べちゃう。もしかしたら全部、

食べるものがなくなるまで、食べちゃうかもしれないんだよ。で、肉食動物はさ、動物を食べて生きているんだ。肉食動物がいてくれると、草食動物がたくさん増えすぎたときに、肉食動物がそれを食べてくれるんだ」

「……」

「そうすると、いかにも草食動物がかわいそうで、肉食動物がひでえやつって思ってしまわないか？」

「……思う」

「ねぇ、だけど肉食動物が草食動物を食べてくれるから、草が残ってたり、木が残ってたりするんだよ。ほうっておいたら大変なことになるんだよ。だから肉食動物がいるってことも、草食動物が健康に生きていくために必要なことなんだ」

「あと、草食動物は群れで……みんなで一緒に暮らしてることが多いよね。たとえば、草食動物でどんな動物を知ってる？」

「……シマウマ」

群れで行動
するシマウマ

📻「おおっ！　シマウマ。シマウマって1頭だけでいないでしょ。だいたい100頭ぐらい集まって暮らしてるでしょ？」

😊「はい」

📻「そこへね、ある伝染病が入ったとする……。最初は1頭か2頭が病気になるよね。でも、それが群れ全体にうつっちゃったら、そこのシマウマの群れは全滅しちゃうんだよ」

😊「……」

📻「そういう、伝染病って知ってるか？」

😊「え、わかりません」

📻「あぁ、そうかぁ。細菌とかウイルスとかでかかっちゃう病気のことなんだよ」

司会「風邪がうつっちゃう、って聞いたことあるよね。人から人へとか、動物から動物へうつったりする病気を伝染病って言うんだよ」

😊「わかりました」

📻「それが流行っちゃったら、群れの仲間全部がかかっちゃって、全部が死んじゃうこともあるんだ」

📻「でもそのとき、最初にかかったシマウマが、熱を出したり下痢をしたりして弱ってくるでしょ？　そしたら周りの群れと一緒に行動できなくなったり、遅れたりするでしょう」

📻「そういう個体を、肉食動物が食べてくれるの。伝染病が群れに広がる前に、病気の動物が食べられるから、群れ全体は結果的に肉食動物によって守られることになるんだよ」

😊「わかりました」

📻「同じことを人間もやってるんだよ。ひどい伝染病……。たとえばエボラ出血熱なんてのは、知らないかな？」

😊「知ってます」

司会「あぁ、知ってる！」

「知ってる！」

—— 小3さんが知っていることにびっくり！ ——

「エボラ出血熱が見つかったら、何をやるかっていうと、感染したかもしれない人を『隔離』っていって、ほかの人に会わせないようにしちゃうんだよ。そうしないと、病気にかかる人がどんどん増えていくから！　肉食動物は、病気の動物を食べることで、結果的には隔離と同じようなことをやってるんだよ」

「ということはさ……。もしかしたらシマウマの群れにとってのお医者さんは、ライオンかもしれないよね。そういうことで、草食動物も肉食動物も、お互いに役に立ちながら、バランスをとって暮らしてるのが動物の世界なんだ」

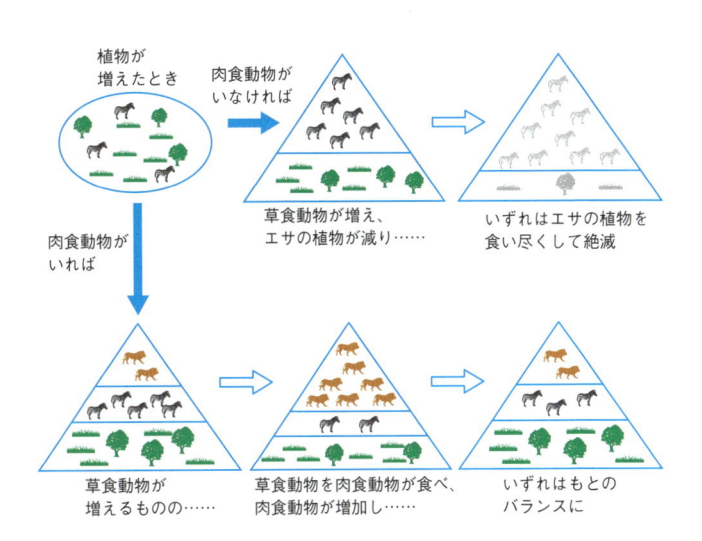

73

なぜフクロウは
真後ろを向けるのですか?

答えはふたつあります

質問者 😊：小学校3年生（東京都）　　回答者 📻：中村忠昌先生

😊「フクロウは、なぜ真後ろを向けるのですか？」

司会「フクロウを見たことがありますか？」

😊「テレビで見たことがあります」

司会「そのときに真後ろを向いていた？」

😊「そうです」

📻「これはね、『どういう体をしているのかな？』の答えと、もうひとつ、『なんで後ろを向くようになったのかな？』の答えがあると思うんです」

———　どうやっているのか？ というしくみと、　———
何のために？ という理由、ふたつの問題でした

フクロウの仲間は、真後ろを向くことがあります。写真はコミミズク

📻「まず体のしくみから言うと、フクロウだけじゃなくて、鳥っていうのは、けっこう首が長いんですね。でも、フクロウを見ると、あんまり長く見えないよね。『首はどこにあるんだろう？』っていうぐらい短い」

🙂「はい」

📻「どこが首かを調べるにはどうすればいいと思う？」

🙂「……。夜に行ったら、見られるかも、見られないかも」

📻「そうか、夜になったら伸びるかもしれないかな？ 活動的になってね、少し首を伸ばすこともあるんだけど、もうちょっとよく見ようとすると、骨格標本、骨だね」

📻「骨になった状態を博物館とかで見ると、どの辺が首になってるのかがわかるんです。外からだとわからないけど、骨を見ると首がわかります。それを見ると、首が長いんです。それで真後ろや、さらに先まで見ることができるんですね」

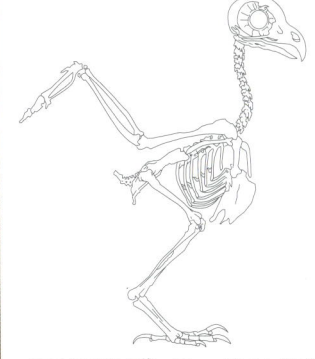

モリフクロウ。首が非常に短いのではと思わせる外観ですが……

モリフクロウの骨格。Claus Konig, *Owls: A Guide to the Owls of the World*（Yale University Press）をもとに作図

📻「これが、どんな体をしているから後ろが向けるのか、という問いへの答えなんです」

📻「もうひとつ、なんで後ろを向くのか、ということなんですけれど。フクロウって何を食べているか、知ってる？」

😊「……。わからないです」

📻「たとえば、森の中に住むフクロウはネズミを食べるのね」

😊「あー」

📻「ネズミを見つけるときにどうするかっていうと、ネズミの声とかを聞くんですね。それが暗闇の中でどこから聞こえてくるかわからないけど、自分が動くと足音とかがしちゃうよね。それで、なるべく動かないで、いろんなところの音を聞けるように、頭の向きを変えるだけで聞けるように、首がよく回るんです」

司会「わかったかな？」

😊「わかりました！」

その後

司会 フクロウは首が長いんですね？

📻 めちゃめちゃ長くはないですけど、人間が（外観で）思っているよりずっと長いので、後ろを向きやすいんです。

司会 今はフクロウの質問だったんですけど、先生が特に詳しいのはどんな鳥ですか？

📻 今は海の近くの野鳥公園にいますので、水辺の鳥なんかが好きですね。カモとかサギとかカモメとか、あとシギっていう鳥もいるんですけど、そういった鳥が好きですね。

司会 小学生くらいのときは、どんな鳥が好きだったんですか？

📻 そのころは近所の公園で鳥を見てまして、そこに池があってカワセミがいたんですね。

司会 カワセミ！

📻 東京の練馬区の公園なんですけど、うちの近所にこんなにきれいな鳥がいるんだ！　って、一気にはまってしまいまして、双眼鏡も買ってもらって、あちこちの鳥を見るようになりましたね。

司会 カワセミってどんな色をしてるんですか？

📻 おなかはオレンジ色で、背中は青とか緑とか、非常にきれいで、光が当たるとピカピカ光るんですね。すごく小さいスズメぐらいの大きさの鳥です。

東京・練馬区「光が丘公園」のバードサンクチュアリや、同じく練馬区の「石神井公園」の池には、現在もカワセミがいます

ワニのしっぽは切れないのに
トカゲのしっぽが切れるのはなぜ?

質問者 😊：小学校1年生（香川県）　　回答者 📻：成島悦雄先生
　　　　　　　　　　　　　　　　　　　　📻：矢島 稔先生

😊「同じハ虫類でも、ワニのしっぽは切れないけど、トカゲの
　しっぽはどうして切れるんですかぁ？」

司会「どうして不思議だなと思ったの？」

😊「うちでカナヘビを捕まえたとき、そのしっぽが切れていた
　からです」

📻「いつカナヘビを捕まえたの？　最近？」

😊「タケノコ狩りに行ったときです」

📻「じゃあ5月ごろかな、ちょっと前だね。カナヘビを見つけて、
　手で捕まえようとしたの？」

😊「はい！」

📻「勇気あるねー。ちゃんと捕まえられたんだ？」

😊「あい！」

📻「捕まえたときに、しっぽが切れちゃったのかな？」

😊「飼っていたら切れました」

📻「捕まえたときは切れなかったんだ。上手に捕まえたんだね
　ぇ。素手で捕まえたの？」

😊「はい」

司会「へぇ、すごいですねー。それで捕まえたときにカゴか何か
　を持っていっててたの？」

😊「持ってなかったから袋に入れた」

司会「おうちに帰ってからカゴに入れたの？」

😊「ケースで飼いました」

📻「ケースに入れたときに切れちゃったの？」

司会「いつ切れちゃったかわかる？」

😊「……遊んでいたら切れましたー！」

——— 先生、いつ切れたのかを突き止めました ———

📻「あぁ、たぶんね。あなたは遊んでいたつもりかもしれないけど。カナヘビはね、『おそわれた！　食べられちゃう』と思ったんじゃないかな？　もしかして、しっぽの近くをつかんだんじゃない？」

😊「そうなったと思います」

——— 質問者、しゅんと反省している様子 ———

📻「トカゲの仲間はね。敵におそわれたときにしっぽの切れる場所が決まっていて、どこでも切れるわけじゃなくてね。しっぽが切れると、そのとき切り離されたしっぽがピクピク動いていたと思うけど、トカゲをおそった動物が、ピクピク動いてるしっぽを見てる間にね、トカゲは逃げちゃうんだよー！」

しっぽが切れた状態の
ニホンカナヘビ

79

「はい」

「そうやって自分の命を守ろうとするのね。カナヘビがしっぽを切ったときは、逃げようと思ってたんだ」

「でね、同じハ虫類のワニにもしっぽがあるけど、なんで切れないかっていうとね。ワニは強いでしょ？　トカゲは小さくて天敵とか外敵におそわれやすいけど、ワニは体も大きくて強い動物なので、自分がほかの動物をおそって食べちゃうほうなんだよね。だから、しっぽを切って逃げるっていう必要がないんだ。トカゲは、しっぽが切れるような体のつくりになってて、切ったほうが逃げられていいんだけどねー」

「ワニがしっぽを切っても、生きていくのに得にならないんだよね。ワニは泳ぐときにしっぽを使うから、しっぽをなくしちゃうと、泳げなくなっちゃう。それで、ワニはしっぽを切らない体のつくりになってるんだ。いいかな？」

「……テレビでジャガーに食べられよったぁ！」

「ははっ、ワニがジャガーに食べられちゃったんだ」

「ジャガーが水にもぐってとった！」

「それはすごいね、普通はね。ワニがジャガーを水の中に引きずり込んで食べちゃうんだけど、中にはジャガーに捕まえられちゃうワニもいるよね」

司会「強いジャガーだったんですね」

「ワニもしっぽを切って逃げればよかったんだけどね（笑）」

「そう思いましたぁ！」

司会「カナヘビはまだ飼ってるの？」

「もう、逃がしたー！」

「逃がしたんだ、それはよかったよ。カナヘビは切れたところから、またしっぽが生えてくるんだよ。もとと同じじゃないけど、似たようなしっぽが生えてくるから大丈夫だと思うよ」

司会「先生、しっぽは何回切れても大丈夫なんですか？」

「骨のある部分が切れるのは1回だけみたいですね」

────── ここで昆虫担当の矢島 稔先生が参加！ ──────

「（トカゲのしっぽは）骨と骨の継ぎ目から切れるんじゃないんですよ。しっぽの骨の真ん中あたりに、最初から切れ目が入ってるんです。危ないと思ったら、その切れ目から切って逃げちゃう。だから切れても血が出ないし、そのままにしておけば、だんだん伸びてしっぽみたいになるんです」

司会「わかりました。あのね、カナヘビは元気でこれからも生きていくだろうって。でもしっぽが切れるのは1回だけなので、次に同じカナヘビに会ったら、あんまりおどさないほうがいいですよ。せっかく再生したしっぽですからね。わかりましたかー？」

「……はい」

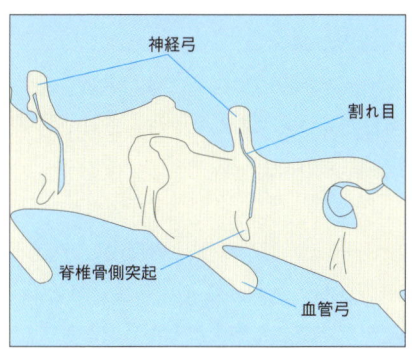

神経弓
割れ目
脊椎骨側突起
血管弓

カナヘビ（ニホンカナヘビ）のしっぽの骨（椎骨）には、1個の骨につき1か所の切れやすい割れ目があり、「自切面」とすることがあります。割れ目のある椎骨が残っていれば、そこで再び自切することもありますが、再生した部分には椎骨がないので自切しません（できません）

どうしてキリンの舌は青いのですか?

舌をヤケドしないためでもあるんです

質問者 😊：小学校3年生（富山県）　　回答者 📻：成島悦雄先生

😊「どうしてキリンの舌は青いんですか?」

司会「舌……キリンのべろですね」

😊「はい」

司会「見たことあるんですか?　動物園で?」

😊「はい。動物園に行ったときに、エサをあげたら舌を巻きつけて食べていました。そのときに舌が青かったので……」

📻「よく気がついたねぇ、キリンの舌ってすごく長いでしょ!　何cmぐらいあると思う?」

😊「んー、1mぐらい?」

📻「んんー、40〜50cmぐらいあるんですよ。長い舌をベローンと出してさ、葉っぱを舌で巻きつけて食べるでしょ?」

📻「そのときに舌が青いのに気がついたんだね。でね、舌が青い意味はふたつあるんです。ひとつは、どうして青く見えるのかっていう、しくみのお話」

📻「これは青い色素。『メラニン』っていうんですけれど、それがキリンの舌の表面にたくさんあるんですね、それで青く見えるんです。それが青い理由ね」

😊「はい」

📻「ふたつ目は、どうして青くなってるのか?　の理由というか、青いとどんな利点があるか、便利かな……っていうとね。これは、科学者の人が言ってるんですが、キリンが住んで

るところってアフリカでしょ？」

😊「うん」

📻「そこは日差しがとても強いんですね。日差しが強いとき、プールとか海に行くと、ぼくたちも体が日焼けして黒くなるじゃない。そのときは体にメラニンが溜まってきて黒くなるんだよね」

📻「なぜかっていうと、メラニンがたくさんあると黒く見えて、しかも、紫外線に対して抵抗力を持つらしいんだよね。日光で自分の皮膚がヤケドしないように、黒くなってるらしいんだよ！」

😊「ふぅん」

📻「だから、キリンはいつも舌を長く出していろんな食べ物を食べてるわけだけど、日差しの強いアフリカだと、舌を日光でヤケドしちゃうんだよね。それを防ぐためにメラニンという色素が発達して、キリンの舌が青くなったって考えられてるらしいんだ」

😊「うん」

📻「いいですか？」

😊「はい」

司会「また動物園でわからないことがあったら電話してくださいね」

青い舌を出すキリン

ダイオウイカは、
どうしてあんなに大きくなったの?

伝説に登場したような生き物、その実情

質問者 👅：小学校4年生（東京都）　　回答者 📻：石垣幸二先生

👅「ダイオウイカは、なぜあんなに大きくなったのですか?」

司会「どうしてそれを不思議に思ったの?」

👅「前に図鑑でイカのページを見てて、ほかのイカと比べて、なんで大きいのかな?　と思いました」

司会「ほかのイカと比べて思ったのね」

📻「じゃあ、ダイオウイカの標本とか見に行ったことあるかな?」

👅「あっ、はい!」

📻「見たことあるんだ!　それで、こんなにでっかくなるんだ?　って思ったんだね」

📻「コレはね、成長が早くて、でっかくなるイカなんだよなー、ふふふっ（笑）。イカの中でも。というのはね、イカにもいろいろな種類がいるじゃない。ダイオウイカは腕（触腕）の長さを合わせると、全長15m近くになるんだけれど……。一番ちっちゃいヒメイカっていうイカは、1〜2cmにしかならないの。大人になっても!」

👅「はっ!」

📻「同じ『イカ』でも種類によっては、成長しても1〜2cmにしかならないのと、15mになるようなのがいるの。たとえばサメなんかでも、『ジンベエザメ』だと10mぐらいになるでしょう?　でも、深海には『ツラナガコビトザメ』がいるんだけど10cmぐらいにしかならないの、大きくても!」

「だから、特に大型化するのがダイオウイカだったと……。ダイオウイカは、だいたい3年ぐらい生きるんですね。全長15mだから、平均しちゃうと1年で5mぐらいずつ大きくなることになるけど……」

「はぁぁ！」

「成長のスピードがすごく早いってことだね。なんで、そんなに急いで大きくなんなきゃいけないか？っていう理由を考えてみるとね？」

「うん」

「理由のひとつはね、深海にいたからだと思うんだ。イカは色をピカピカ変えるでしょう？　模様を変えたり、スミを吐いたり、砂に潜ったり、いろんなワザを駆使して身を守ってるんだけど……。深海ってさ、隠れ場所がないんだよね」

「はっ」

「あと、色を変えてもわからないんだよ」

「なぁるほど！」

「そんな中で、ひとつの防御作戦に、『食べられないぐらいに、早く大きくなっちゃえ！』っていうのがあります。だから、ダイオウイカは、早く体を大きくすることによって食べられにくいような感じを出してるんだと思うな」

「そう思わない？」

「たしかに、そう思う」

—— 一同から、うふふという笑い ——

「深海って、やっぱり暗くて、生物も少ないんです。敵に見つかりにくい！　そして環境ね。水温も一定だし、ずっと暗かったりして、環境が安定してるから生き残りやすい。だから大きな体をしていても、食べられにくかったり、見つ

かりにくかったり、生き延びやすかったっていうのがあるだろうね。今も生き残っているのは、深海の環境に助けられたんじゃないかとぼくは思います」

📻「最後にもうひとつ、最近、ダイオウイカが浅いところまで上がってきて『定置網にかかった』って、ニュースとかで話題になるでしょ？」

📱「はい」

📻「もともとダイオウイカは、エサを求めて、浅いところと深いところを行ったり来たりできる（鉛直運動ができる）生き物なのね」

📻「そしたらさぁ……。浅いところにいっぱい来て、もしもだよ、ダイオウイカがおいしいイカだったら、みんながんばって、とって食べちゃうよね？」

📱「はい」

📻「でも、漁師さんも、あんまりとらないんだあれは……。なぜかっていうと、アンモニアって言ってね、すごくくさいの！　くさくて水っぽくておいしくないんだ。そのことがわかってる。実は前からダイオウイカは（海の）浅いところに現れて、網に入っても、漁師さんはそのまま海に『ぽーん！』って戻してたの」

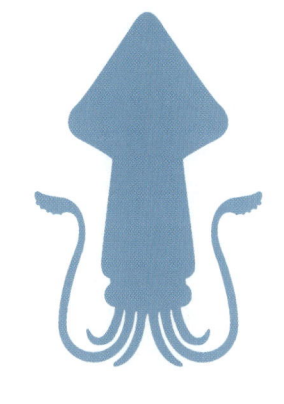

司会「あーそうなんだ」(小さな声で)

📱「なるほど！」

📻「そうなんだ！　だから、あんまりおいしくないっていうのも、ダイオウイカが大きな体をしてるのに、今まで生き残

ってこれた大きな理由じゃないかと思ってます。どうかな？」

司会「わかりましたか？」

「はい」

司会「海の生き物に興味があるの？」

「あっ、はい！」

司会「そうなんだ、じゃあ夏休みは、どこか……何か、楽しみにしていることはありますか？」

「はい、あります」

司会「なぁに、聞いてもいいかな？」

「えっと、国立科学……？　あっと、どこかわからないけどサメの展示会に行きます」

　2016年7月8日〜10月2日、国立科学博物館にて
　　特別展「海のハンター展」が開催されていました

「あれはおもしろいぞー！　先生はもう行ってきたけど、海の捕食者たちだね」

司会「どうでしたか？」

「サメを中心に、海の中でどうやってハンティングしてるか、そういうお話がいっぱい出てくるんだけど。たくさんの人がいるから、朝早くから並んだほうがいいかもしれないよ」

────　ほかの先生から、すごく混んでるよ！ の声 ────

司会「そうなんだ？」

「でも、すごく楽しいから絶対行ったほうがいい！」

「はい！」

司会「じゃあ、楽しんで。いい夏休みにしてくださいね」

「はいっ、さようならー」

司会「そうか……。サメの質問がけっこう多いと思いましたが、そういう、ふふっ（笑）、展示会の影響があるかもしれませんね」

クラゲはどうやって
電気を取り入れているの?

ビリッと刺される衝撃、その原因とは

質問者 😊：小学校6年生（埼玉県）　　回答者 📻：石垣幸二先生

📖😊「クラゲは電気を出すけれど、どのようにして、電気を取り入れているのですか？」

司会「クラゲが電気を出すというのは図鑑か何かで知ったの？」

📖😊「えっと、海に行ったときにクラゲに刺されたことがあって」

司会「あぁ、刺されて痛かったですね」

📖😊「はい」

📻「クラゲに、どこ（の場所）で刺されたか、おぼえてる？」

📖😊「新潟の海」

📻「季節は？」

📖😊「夏でした」

📻「そのとき、刺されたのがすぐにわかった？」

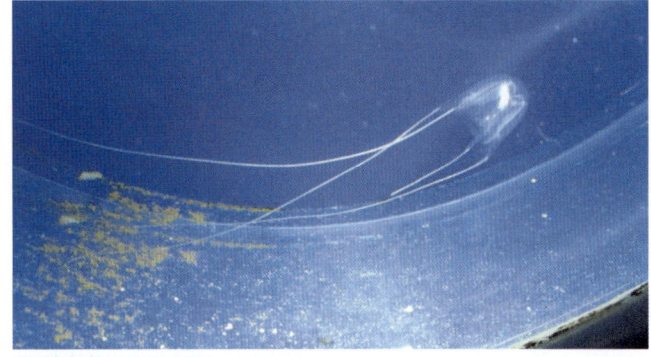

長い触手を持つアンドンクラゲ

📖😊「わかりました」

📻「けっこう痛かったんだ。どんな感じ？」

📖😊「なんかビリッってきた」

📻「それで電気を発すると思ったのですね？」

📖😊「はい」

> まるで尋問のようなやり取りですが、
> 先生はクラゲの種類を考えています

📻「先生も、何度もクラゲに刺されているんです。強い毒のクラゲのときは本当に『バチッ！』とか、すごい電気を発してるように感じるんですけど……」

📻「実は、クラゲは電気を発しているんじゃないんですね」

📖😊「えっ、うん」

📻「強い毒で刺されたときって経験があるんですけど、バチッ！って電気に触れたような感じなんですよね？」

📖😊「はい」

📻「強い毒で刺されたときの痛みが電気のように感じるので、デンキクラゲとか呼ばれたりしているだけなんです」

📖😊「あー」

📻「新潟の海でも、強い毒に刺されたのでしょうね。何クラゲだったのかなぁ？　アンドンクラゲとかの（毒の）強いクラゲだったのかもしれないね」

📻「クラゲは海をプカプカただようプランクトンの仲間ですけど、大きくふたつのグループに分かれています。刺胞動物と有櫛動物です。その違いは毒があるかないかなんです」

> ─── 有櫛動物とは、クシクラゲの仲間のことです ───

📻「刺胞動物は毒針を発射する生き物で、そこに含まれるク

毒針を持たないクシクラゲ類。写真はその一種、カブト
クラゲ

ラゲにも強い毒を持つもの、弱い毒を持つものがいます。イソギンチャクとかサンゴも、この仲間ですね」

📱😊「はい！」

📺「クラゲの毒の『強い弱い』には幅があるんですけど。沖縄にいるハブクラゲは、毒蛇のハブみたいにすごい毒を持っていて。人間を殺してしまうぐらいのやつもいるんです」

📱😊「……は……い？」

📺「特に刺すのは触手が長くてヒラヒラしたやつ、なんか触りたくなるんですけど、その触手には絶対触っちゃダメです」

📱😊「あぁ」

📺「その触手で刺すんです。頭の丸いところには刺すものがないから、頭は触っても大丈夫なんだけど、ふわふわしてるから近づいてきて、手とか足にくっついちゃうんだよね」

📱😊「あぁー！」

—— 怖がらせちゃったかなと、先生が気遣っています ——

📺「それは気をつけたほうがいいです。電気ではなくて、強い毒で刺されたときの衝撃で、『電気を発したと感じる』のだと思ってください」

📱😊「はぁい」

司会「今年も海に行きますか？」

📱😊「今年も行くと思います」

司会 「じゃあ……。ちょっと気をつけて」

📻 「そうだね、刺胞動物のクラゲは全部、何かしらの毒があるからね。手足が出ないように、ラッシュガードや長袖を着て、肌を出さないようにすれば大丈夫ですから！　そういったことも考えましょうね」

司会 「わかりましたか？」

😊 「はい」

司会 「本当にバチッとかビリッとした痛みなんですね？　私は刺されたことがないですけれど」

📻 「ハナガサクラゲとかアンドンクラゲにやられたときは、『バチッ！』ですね。まさに電気でした」

磯遊びにはマリンスポーツ用の保護着、ラッシュガードを

ハナガサクラゲ。美しく見えますが、その刺胞毒で小魚をとらえる一面も

ハリセンボンには
本当に針が千本あるの?

先生が1本1本、数えてみたら……

質問者 😃:小学校2年生（神奈川県）　回答者 📻:林 公義先生
　　　　　　　　　　　　　　　　　　　📻:成島悦雄先生

😃「お魚のハリセンボンには、本当に針が千本あるのですか？」

司会「あぁ、ハリセンボンを見たことがあるんですね？」

😃「はい」

司会「水族館で見たの？」

😃「沖縄の水族館で見て、針がいっぱいあったので、本当に千本あるのかと思いました」

📻「そうだね。ハリセンボンの針が千本あるの？ って、こういう質問、先生は大好きです！（笑）」

📻「それでね……。先に答えから言っちゃうねー！　残念だけど、千本はありません」

📻「何本ぐらいあると思う？　想像で……」

😃「うーん、532個ぐらい？」

📻「おおおおー！　32っていうところがスゴイね」

司会「刻んできましたね（笑）」

📻「えっとね、今、532本って言ってくれた

ハリセンボンが泳ぐときは、トゲがじゃまにならないように体にぴったりと沿わせています

「よね。先生も実は数えたことがあるんですよ」

📻「博物館にハリセンボンのはく製があったのね。そのはく製はおなかに空気を入れて膨らませてあったから、トゲが数えやすかった。それでスポンジを小さく切ったのを、トゲに1個ずつ刺して、間違えないようにして、数えたの。そしたらねー、先生が数えたハリセンボンには、371本ありました！　だいたい350本から400本ぐらいの間だと思います」

司会「おおー」

📻「ハリセンボンそれぞれでトゲの数は少しずつ違っているとは思いますけれど、千本は絶対『ない』んです！」

📻「千本ないのに、なぜ千本って言うのか、なんだけど。たとえば、先生が小さいときによくともだちと遊んでるときに『嘘ついたら針千本飲ます』ってよく言ったのね」

司会「知ってる？　『嘘ついたら〜♪　針千本の〜ます♪』？」

😊「知ってる！」

📻「あれも千本って言うでしょ。千本っていうのは、どうもね『数え切れないぐらいたくさん』の意味があって、ハリセンボンのトゲの数を数える人もいないだろう、ということで」

司会「くふふっ（笑）」

📻「それで、針が千本ある魚って名前になったと思うのね」

司会「はい」

📻「ところで、ハリセ

ハリセンボンはサメなどに襲われると、体を膨らませ、トゲを突き出して、食べられないように身を守ります

ンボンのこと、英語でなんて言うか知ってる？　知らない
よね（笑）」

😊「知らない」

📻「あのね、『ポーキュパイン・フィッシュ（Porcupine-fish）』
って言うの。ポーキュパインは、ヤマアラシのことなんだ。
動物の……知ってる？　ヤマアラシ」

😊「見たことない」

📻「今度、動物園に行ったら……。いますよね、成島先生？」

———————— 動物担当の成島悦雄先生が参加！ ————————

📻「たいていの動物園にいます」

📻「このヤマアラシも、トゲトゲがいっぱいあるんだよね。さっ
きね、成島先生に『ヤマアラシのトゲって何本ぐらいあるん
ですか？』って聞いたら『わかりません』って」

司会「成島先生はヤマアラシのトゲを数えたこと、ないですよね」

📻「残念ながらないです……。それでちょっと調べてみたんで
すけれど、ハリセンボンは千本ないそうですが、ヤマアラシ
は千本以上あるそうです」

📻「すごいすごい！　あのね、ハリセンボンは千本ないけど、
英語の名前になっ
てるヤマアラシは
千本以上あるんだ
って！」

😊「へぇー」

📻「ヤマアラシの場
合は、私たち人間
の毛と同じような
ものが針になって

ヤマアラシは、ネズミの仲間の動物です。下半身
（体の後ろ側）に、特に硬くて長い針を持っています

るので、たくさんあるんです」

「ハリセンボンの針、あれはね、普通のお魚が持っているウロコが変化したものなのね」

司会 「はぁーそうですか。魚のウロコ、知ってる？」

「知ってます」

司会 「あのウロコがトゲになったんだって」

「そうなんだ！」

「うん、そうなんだ。驚きだよねー。また水族館で楽しんでくださいねー。水族館だと『針は千本ありません』って書いてないよね（笑）」

司会 「ハリセンボンは371本でしたっけ、おともだち（質問者）の予想では532本でしたね。そして、ヤマアラシがそんなにたくさんあるとは思いませんでした！」

「少なくとも5～6千本あるみたいですね。カナダヤマアラシでは3万本という報告もあります」

「はぁ～、そんなにあるんですか！」

興奮しているヤマアラシの仲間。怒ったり、怖がったりして興奮すると、針のような硬い毛を広げて身を守ります

毒を持つ鳥は
どこかにいますか?

「いない」とずっと思われていました

質問者 😊：小学校1年生（東京都）　　回答者 📻：松田道生先生

😊「毒がある魚がいるけ
　ど、毒がある鳥もい
　るんですか?」

司会「そうですね、鳥が毒
　持ってるってあまり
　聞かないね」

毒を持つ魚は水族館などで見られることもありま
すが（写真はミナミハコフグの幼魚）、鳥は?

😊「ねぇ」

司会「知らないよね。お魚で毒を持ってるのは知ってる?」

😊「名前は知らないけど……。見たことはあります」

司会「そっか、近づかないでおこうね（笑）」

📻「毒のある鳥、いると思う?」

😊「……いるとぉ思うけどぉ……。いないと思う!」

📻「あははっ、えっとね。先生もずっといないと思ってたの。
　それで、鳥って今、世界中に9000種類ぐらいいるんだよ」

😊「えええぇー!」

――――――――― 本気でびっくりしています ―――――――――

📻「スズメとかカラスとか、いっぱいいるでしょう、そういうの
　を全部入れると9000種類なの」

📻「でね、ずーっと前から先生は鳥を調べているんだけれど、
　『鳥に毒はないから、とても平和的な生き物だー!』って、
　いろんなところで言ってたの」

「ところがね、毒のある鳥が見つかっちゃたんだ、これが。1990年ぐらいのときだから、今から25年ぐらい昔。まだ、みなさんは生まれていなかったけれど、先生は、もう鳥のお仕事をしてるときだったの。ショックだったよー！　これまで、いないって言ってたから（笑）」

—— 状況が目に浮かぶようです ——

「パプアニューギニアとかインドネシアってわかります？　南のほうの国。そこのジャングルみたいなところに棲んでる鳥だったの。どうして見つかったか？　って言うとね。鳥の研究をしてる人が、その鳥を捕まえたときに、ちょうど手に怪我をしてたんだって……」

「はぁー」

「その鳥に触ったらね、怪我してるところが刺激を受けて。きっと痛かったんだろうね。それで、なんでだろう？　って調べたら、毒があることがわかったの」

「はい」

「その鳥は、『ズグロモリモズ』って名前なんだけども。ズグロ（頭黒）っていうのは頭が黒いってことね。そして、モリは森ね。で、モズっていう鳥がいて、それに形が似てるから、ズグロモリモズ」

「毒がある生き物は、普通はエモノを捕まえたり、怖い敵から逃げるために毒を使うよね。……だけどね、この鳥は、自分の体の中に強い毒があるの」

「えぇぇー？」

「自分が食べられちゃったときに、初めて毒が効くんだよね。だけど、鳥を食べたケモノは死んじゃうので、『この鳥は危険だ』って学ばないよね。だからね、まだ不思議なんです」

📻「見つかって20年ぐらいしか経っていないので、いろんな研究をしてるところだと思います」

📻「実は、パプアニューギニアとかアマゾンとかのジャングルには、まだよく調べられていない鳥がたくさんいます。ズグロモリモズは、触った研究者の人が、たまたま手に怪我をしていて痛くなって、それで、毒があるのがわかったので、これからも毒のある鳥が見つかるかもしれません」

🙂「はい」

📻「だから今は、『鳥って平和的な生き物だ』って言わないようにしてますよ。ただ、9000種類のうち、たったの2〜3種類が報告されているだけなので、全体から見たら毒を持っている鳥は、大変少ないと思ってください」

その後

司会 ズグロモリモズはどんな見た目なんですか？

📻 ズグロですから頭が黒く、体はオレンジ色をしています。オレンジ色と黒でしょ。すごく目立つんです。

📻 もしかしたら目立つので、「警戒しろよ！」というのはあるかもしれません。

毒を持つハチの黄色と黒色のシマ模様なども、
自分が危険だと敵に知らせる「警戒色」です

📻 ただ、ジャングルにいる鳥は、毒のあるなしに関係なく、だいたいが目立つ派手な見た目をしています。

司会 大きさはどれぐらいですか？

📻 そうですね、だいたいスズメと同じぐらいですね。

ズグロモリモズは、ピトフーイと呼ばれる鳥の一種です （イラスト：阿部彰彦）

ピトフーイの一種、カワリモリモズも有毒動物。下の個体のようにズグロモリモズに擬態するもの
もいます （イラスト：阿部彰彦）

光合成をする食虫植物は
どれくらいいますか？

光合成と虫、得られる栄養の違いがカギ

質問者 😀：小学校4年生（千葉県）　　回答者 📷：多田多恵子先生

😀「光合成をする食虫植物はどれくらいいますか？」

司会「食虫植物って、虫を食べて栄養にする植物だよね？」

😀「はい」

司会「飼っているっていうか、育てているの？」

😀「いいえ、あの……。本で見て、それから調べたくなって、いろいろ見てたら、『光合成をする食虫植物』ってあったので……。聞きたくなって」

司会「じゃあ、実際に見たことはないのかな？」

😀「はい」

粘着式の食虫植物、モウセンゴケ。葉の表面に生えた毛の先端から、きらきら光る粘液を出し、寄ってきた虫をくっつけて消化・吸収します。湿地などに生育しています　（写真：多田多恵子先生）

📻「えっとね、結論から言うと……」

📻「食虫植物はみんな光合成をするの！」

😊「はぁー」

📻「ちゃんとね、みんな緑の葉っぱを持ってて光合成してるんだ。で、食虫植物って葉っぱで虫を捕まえるじゃない？」

😊「はい」

📻「そうすると、虫がだんだん溶けて植物の栄養になるん

イシモチソウ。モウセンゴケの仲間で日本の湿地に生え、同じく粘液で虫を捕まえます　（写真：多田多恵子先生）

だけど。これは、根っこから吸う栄養分を、食虫植物は虫を捕まえることによって、補っているのね」

📻「普通の植物が、根っこから何を吸っているかっていうと。『窒素栄養』って聞いたこと、ある？」

😊「いやぁ、聞いたことない……」

📻「そっかあ。窒素栄養は、タンパク質のもとになるようなもの。それを植物は水と一緒に根っこから吸い上げているのね。食虫植物が生える場所って、じめじめ湿った湿地みたいなところが多くて、土の中の窒素栄養がとっても少ないの」

😊「へぇー」

📻「だから、虫を捕まえることで少ない養分を補っているのね。

一方で、葉っぱで作っている……これも栄養っていうから、ごっちゃになりやすいんだけど。葉っぱ……光合成で作っているのは、炭水化物（デンプン）なのね」

　「それは、緑の葉っぱじゃないと作れないの」

　「そうですか？」

　「食虫植物は、普通の植物と同じように葉っぱでデンプンを作っていて、根っこから水と一緒に吸う窒素栄養が足りないので、それを（虫で）補っている。だから、ほかの植物と同じように葉っぱを持っていて、そこで光合成をしてるの」

　「そうなんですか」

　「食虫植物はいろいろあるから、ぜひ本物を見てみて！」

　「はい！」

　「植物園に行けば、ウツボカズラとかハエトリグサとかある

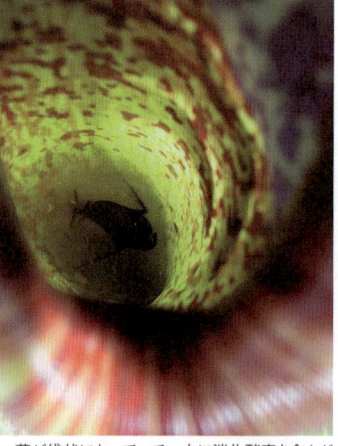

落とし穴式の食虫植物、ウツボカズラの仲間。葉が袋状になっていて、中に消化酵素を含んだ水を溜めています。袋のふちは滑りやすくなっていて、中に落ちた虫を消化・吸収します

（写真：多田多恵子先生）

し、山に行くとモウセンゴケっていうのがあって……」

📖😊「はい、知ってます」

📻「本物の食虫植物が虫を捕まえるところ、見に行ってね」

📖😊「はい」

司会「そうか。虫から栄養をとれば、光合成はしなくてもいいんじゃない？ って思ったのね。そうだよね、でも栄養は別々なんだって。虫からはタンパク質、光合成ではデンプンを作ってるんだって……」

📻「普段、植物は根から、タンパク質そのものじゃないんだけど、タンパク質のもとになるもの、水に溶けているものを吸ってるの。虫からは直接吸えないから、一度虫の体を溶かして、そこから吸い取ってるの」

司会「そうなんだって。じゃあ夏休み、時間があったら見に行ってみてねー！」

はさみわな式の食虫植物、ハエトリグサ。葉がふたつ折りになっていて、二枚貝のように開閉します。虫が葉にとまって表面の毛に2度続けて触れると、すばやく葉を閉じて捕まえます

バラには、なぜ
トゲがあるのですか？

「痛い！」と思われるためだけでなく……

質問者 😊：小学校3年生（東京都）　　回答者 📷：多田多恵子先生

😊「なぜ、バラにはトゲが生えているのですか？」

司会「どんなときに、そのことを不思議に思いましたか？」

😊「えと、近所のおうちに大きなバラがあって、どうしてトゲ
　　があるのか不思議でした」

司会「そうなのね」

📷「あのね。今、お庭なんかに植えられているバラにきれいな
　　花が咲いてるんだけど、バラにもいろいろあって。人間が、
　　交配っていって、いろんなバラの花粉をほかのバラにくっつ
　　けたりして、いろんな種類のバラができてきたのね」

観賞用の園芸バラは、ノイバラなど野生のバラを交配させて作られました。トゲをよく見ると、先
がちょっと下向きに曲がっています
（写真：多田多恵子先生）

📻「けれど、日本にも野生のバラが生えてるの、知ってる？」

🙂「知りません」

📻「日本にもノイバラっていう野生のバラがあってね。その野生のバラにも痛いトゲがあるのね。トゲがあると人間だけではなくて、動物も『痛い！』って思うよね？」

🙂「はい」

📻「野生のバラの痛いトゲは、動物に食べられないように、身を守っているっていう意味が大きいのね」

📻「実は、バラのトゲには、もうひとつ意味があるらしいのよ。ノイバラとかミヤコイバラっていう野生のバラを見ると、まっすぐの鋭いトゲじゃなくて、ちょっとカギ爪みたいに曲がってるの」

🙂「へぇー」

📻「忍者って高いところに登るときに、そういうカギ爪みたい

ノイバラのトゲ。トゲの先が少し下側を向いていて、忍者のカギ爪のように、何かに引っかかりやすくなっています

（写真：多田多恵子先生）

なのを、『エイッ！』って引っ掛けていくんだけど」

「はい」

「野生のバラは、カギ爪みたいなトゲを『エイッ！』ってほかの木とかに引っ掛けて、よじ登っていくみたいなの」

「へぇ」

「ノイバラなんかが、高さ3mとか5mぐらいの……。1階、2階建ての屋根ぐらいかな？　そこまでね、ほかの木に寄りかかるようにして、枝がよじ登ってるときがあるのね。そのときに、カギ爪みたいなトゲが役立っているみたいなの」

「はぁぁ」

「だから、バラのトゲにはふたつの役割があって、ひとつは動物に食べられにくくするため、もうひとつは、カギ爪みたいに引っ掛けてよじ登るため、なの」

「庭に植えられているバラには、そういう、よじ登っていくバラの性質も残っているので、トゲがあるんだね。そのトゲ

日本の野生バラ「ノイバラ」は、園芸バラの原種のひとつになっています　（写真：多田多恵子先生）

をよく見てみると、まっすぐじゃなくて、カギ爪みたいにちょっと曲がってるんだよ！」

「へー！」

「今度、ちょっとよく見てみてね」

西日本で見られるミヤコイバラも、周りの植物につかまるようにして枝を伸ばします

（写真：多田多恵子先生）

番組の聴きどころ②

「答え（結論）が先か後か問題」もあるでしょう。一般のスピーチと似ていますが、特に子どもに話す場合は、答えを先に言うと興味がほかにうつってしまうのか、逆に、事前の説明が続くと集中しづらくなっていくのか、という悩みがつきものです。番組では、質問者の年齢や質問の内容によって、選ばれている先生が多いようです。

第3章

空を見上げて浮かぶ疑問

空は、どの高さから
空なのですか？

あなたが空だと思ったところが、あなたの空です

質問者 😊：小学校3年生（栃木県）　　回答者 📷：国司 真先生

😊「空は……どの高さから空と言うのですか？」

司会「どれぐらいからが空だと思う？」

😊「ぼくは1mmでも離れていれば、空だと思います」

📻「おじさんもね。それがとっても気になってね。考えたことがあるんです。そういうときは厚い辞書を引くと、なんか書いてあるんだよね。辞書引いたことある？」

😊「……あります！」

📻「よかった。でね、一番ぶ厚い辞書で調べてみたらね、こうあったの。空は、『天と地との間のむなしいところ』って。でね、その『むなしい』っていうのも『空しい』じゃなくて、ひらがなで書いてあって。あああ〜、これは答えになってないなあって、思ったよ」

―――――― ほかの先生方、背後で爆笑！ ――――――

📻「そこで考えたんだ。君は紙飛行機、飛ばしたことある？」

😊「あるー！」

📻「あるよね、ピューって紙飛行機が飛んでいくところは、そこはもう空だよね」

😊「うん」

📻「それからね、青空って言うと、これは地球の周りのまだ空気が少しあるところだよね。ところが……星空って言ったらどうなる？」

😊「うっ」

📻「星座の星は何光年も先にあるよね」

😊「うん」

📻「さて、その空がどこから始まるかってことなんだけども、だいたいね、立って目を開けて見上げる、そのときの視線の上が空って、普通の人は考えるかもしれない」

📻「1mmでも離れると空って考えたんだよね。そうなると、たとえば、小さな小さなアリさんがいるよね。アリさんが地面でお仕事をしていて、ちょっと見上げたところ。地上から数mm上のところがアリさんにとっての空になるよね」

📻「だから、誰が考えるかによって、空のイメージが変わってくるんじゃないかな？　あなたはとっても観察力が鋭いと思うの。だから『1mm上が空』っていうふうに考えたんだね。走り幅とびとか走り高とびで浮いたところは、もう、あなたにとっての空になってると思うんだ」

📻「そんなふうに考えてみたらどうかな？」

司会「わかった？　思うとおりでいいって」

😊「はい」

📻「でもね、見ているのが人間って考えると、『視線より上が空』って考えていいのかな？　って思います」

司会「見上げる感じ、目線より上が空って思う人が多いんじゃないかな、ということでした」

アリにとっての空は？

飛行機雲ができたり、できなかったりするのはなぜ？

地上から遠くを飛んでいるときは……

質問者 😊：小学校2年生（愛知県）　　回答者 📻：藤田貢崇先生

😊「同じ飛行機でも、飛行機雲ができるのと、できないのがあるのはなぜですか？」

司会「空を見てて、そう思ったの？」

📻「確かに飛行機雲ができたり、できなかったりしますよね」

😊「はい」

📻「これは、飛行機の（飛んでいる）高さとか、飛行機が飛んでいる周りの空気がどういう状態になっているか？ で違いが出るんです」

😊「はーい」

📻「じゃあ、飛行機雲ができるのはどういうときか、を考えてみましょう。飛行機雲ができるときは、地上から1万mぐらいの高いところを飛行機が飛んでいて……」

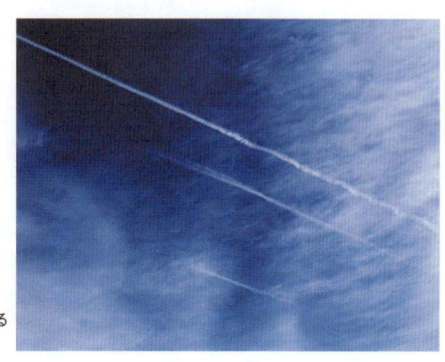

何本かの飛行機雲が見られることもあります

📻「そのときの飛行機の周りの空気は、 − 40℃以下。とても冷たい温度になってるんですね」

📻「そして、飛行機はジェット機で、ジェットエンジンで飛んでます。ジェット機って聞いたことありますよね」

😊「……はい」

📻「大きなエンジンがついてて、そのエンジンで空気を後ろのほうに吹き出してるわけですけど。そのときのジェットエンジンの排気ガスの中に……排気ガスってわかるかな？」

😊「わかります」

📻「その排気ガスの中に、水分が含まれてるんですね。その水分が、 − 40℃とかの空気に触れるとすぐに凍って、小さな氷の粒が飛行機の飛んだあとにできるんです」

😊「あぁ」

📻「その氷の粒が集まったものを見て、あぁ、あれは飛行機雲だなーとわかるんです」

ジェットエンジンの排気ガスが飛行機雲のもと

📻「それが飛行機雲ができるときなんです。できないときは、（飛行機が）低いところを飛んでいて、空気の温度が低くなくて、水が氷になりにくかったり。あと、飛行機の周りの空気が乾いていると、水分が蒸発してしまって、飛行機雲になる前に消えてしまったりするんです」

📻「飛行機が飛んでいるからといって、飛行機雲がいつもできるわけではないので、飛行機雲が見えるときのほうがラッキーなのかもしれないですね」

司会「ははぁ！」

────────── 司会さんも納得です ──────────

司会「整理すると、上空1万mぐらいの高いところを飛んでいる飛行機から、飛行機雲ができる可能性は高い」

😊「はぁい」

司会「そして、その高いところの空気に湿り気があると、飛行機雲ができやすいんですね」

📻「そうです、空港で飛行機を見てても、飛び立つときに飛行機雲は出ませんよね。これは空気があたたかいからです。あと、空気の湿り気も関係するので、空気が湿っている夏よりも、乾燥している冬のほうが飛行機雲ができにくいです」

────────── その後 ──────────

司会 今のお話で、よくわかりました。

📻 飛行機が低いところを飛んでいると飛行機雲はできにくいのですが、1万mより低いところでも、飛行機雲ができることはあります。ただ、あまりにも低いところだと、気温が高いだけでなく、空気の流れが強いことも多くて、飛行機雲が広がって消えやすいですね。

もうちょっと 解説

　飛行機雲にもいろいろな種類があります。ふたつ並んだ飛行機でも見えたり見えなかったり、飛行機のすぐ近くから伸びたように見えたり、ほかの雲を消していたり、短かったり……。目にすることがあったら、違いができた理由を考えるのも楽しいでしょう。

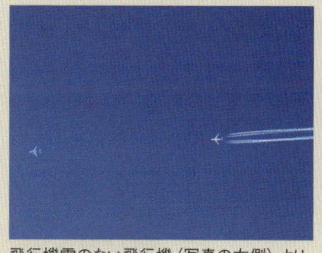

飛行機雲のない飛行機（写真の左側）より、飛行機雲を出している飛行機（写真の右側）は空の高いところを飛んでいます。この写真の場合、約600mの高度差で、飛行機雲ができる、できないの違いができています

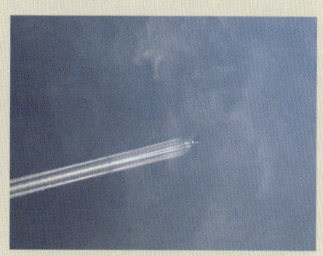

過冷却（水が氷点下になっても凍らない状態）の水滴でできている薄い雲の中を飛行機が通ると、飛行機の翼で空気が混ぜられて水が凍り、翼の後ろすぐのところから飛行機雲ができることがあります

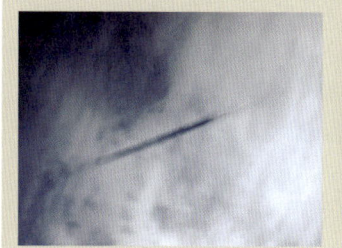

飛行機の周りの空気の温度があたたかいと、排気ガスが空気を余計にあたためて水分を蒸発させ、雲を消すこともあります。飛行機雲のように雲が消える現象を「消滅飛行機雲」と言います

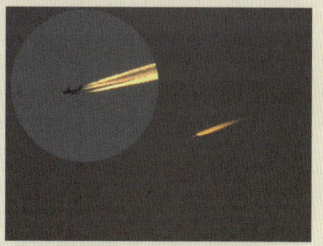

空気の乾燥している冬は、飛行機雲がすぐに消えて短い飛行機雲になることがあります。夕日に照らされて赤く見えるときなど、「隕石だ！」と騒がれることもありますが、写真を拡大すれば飛行機雲だとわかります

カミナリの電気は、なぜ発生するのですか？

雲の中ではすごいことが！

質問者 😊：小学校1年生（神奈川県）　　回答者 📻：藤田貢崇先生

😊「朝、ぼくの家でカミナリがいっぱいゴロゴロ鳴ってたけど、カミナリはどうやって電気をつくっているんですか？」

司会「今朝、関東地方はゴロゴロ鳴っていたね」

📻「カミナリ鳴って怖かったですねー！」

😊「ちょっと怖かった……」

📻「雲って、何からできているか知ってる？」

😊「み、ず……？」

📻「よく知ってますね。雲は水とか……。水が凍った氷……氷はわかる？」

😊「わかる……」

📻「雲の地面に近いところ、低いところは小さい小さい水の粒でできていて、空の高いところにあればあるほど温度は低くなってしまうから、上のほうでは氷になるんですね」

📻「この水の粒とか、氷の粒が動くんですね。どうして動くのかっていうと、雲の中っていうのはずっと同じ状態……形になっているのではなくて、中で、上向きの風が吹いたり下向きの風が吹いたりして、グルグル回ってるんです」

📻「そのときに粒と粒がこすれ合うことが起こります。こすれ合うと電気が起こるんです。下敷きとかをこすって、髪の毛を浮き上がらせて遊んだことってありますか？」

😊「……ときどき、学校の休み時間にやってる……」

📻「あれ、やってるとパチってすること、あるでしょう？」

😊「はい……」

📻「下敷きをワキに挟んでこすったりすると、パチッてするほどの静電気が起こりますけども、雲の中で、氷の粒どうしとか水の粒がこすれ合うことでも、電気がつくられるって考えられています」

📻「もうちょっと（あなたが）大きくなってからじゃないと、わからないんですが……。電気って、プラスの電気とマイナスの電気に分けて考えることができて、マイナスの電気が地上に近いところに溜まってくるんですね。そうなると、一気に電気が流れて、それを私たちはカミナリって言っているんです」

📻「質問の『どうやって電気をつくっているのですか』というのは、雲の中で、水や氷の粒がぶつかり合ったときにできる電気がもとになってる……って、考えることができます」

📻「実はこれすべてが、科学的にはっきりわかっているのではないのですよ。おそらくこうではないか？ というのを説明したんですけども、絶対こうです！ とは言えないんです。まだわからないところもあるので、この先、はっきりわかるかもしれないし、あなた自身が、こういうことを明らかにしてくれるかもしれない、と思います」

司会「科学の……理科の授業は好きですか？」

😊「はい……」

📻「……小学校1年生だと、『生活』かな」

司会「こういうお話は興味あるんだ？ 雲とかカミナリとか」

😊「うん」

司会「じゃ、大きくなったら勉強して解明してくださいね！」

なぜ夜になると
星が出るのですか?

質問者 😊：6歳（静岡県）　　回答者 📻：国司 真先生

😊「なんでー、夜になると星が出るんですか？」

司会「んー。昼間は星、見えないもんね」

📻「昼間、お星様はどうしてるんだろうね。昼寝してるのかな？　違うよね。おじさんは、いつから星が見えるのかなぁ〜って思って、一番星を見つけたことがあります。『いちばん星み〜つけた』って歌を歌ったことある？」

😊「ない」

📻「今度歌ってみてね〜！　あのね、お日様が沈むよね、これは日の入りって言うの。そうするとだんだんと空が、暗くなって、最初に見える星が一番星なんだって」

📻「おじさんは、こないだの夏至の日、6月21日をおぼえてるんだ。太陽がね、東京は7時ぐらいに沈んだの！　そして、よーく空を見ていたらね、7時11分ぐらいに、一番星が西の空に見えたよ」

😊「ふぅん」

📻「それから、二番星が南の空に、それから三番星、四番星っていうふうに増えていったのね。ということは……だんだん暗くなると星が見えてくるんだよね」

😊「うん」

📻「そこで答えなんだけど。実はね、おじさんの勤めている科学館に、コンピューターで動く望遠鏡があるの。それを

『このお星様に向けてください』ってやると、昼間でも、ピューンって、望遠鏡がそのお星様を向くの」

「そしてね、夏休みの昼間ね……。冬の星座の『おおいぬ座』に『シリウス』っていう一番明るい星があるんだけれども。今だよ夏！　そのシリウスって星に望遠鏡を向けると、青空の中に白い星が、ポツッと見えるの！」

「っふ！」

「だから昼間はどうしてるか？　というと、お星様は空に出てるんだよ！　望遠鏡があると見えちゃうの。それが、どうして夜にならないと見えないかっていうと」

「昼間の空は、『とっても』まぶしいよね！　とっても……とっても、お日様の光が明るいので、光の弱いお星様が見えなくなっちゃうんだよね。夜になると太陽が沈むから、やっと（太陽の光よりも弱い）星の光が見えてくるってことなんだね。星の明るさにも違いがあるので。せっかくの夏休みだから、空を見上げていろいろなお星様を見てください！」

「はーい」

司会「わかったかな？」

「……わかったー！」

司会「大丈夫かな？　だから、空にお星様はいつもいるんだけどぉー（先生も同時に「どぉー！」）、お日様が明るいから見えないってことなんだね」

「うん」

太陽の色って本当は
何色なのですか?

よく赤色で描かれるのには理由が……

質問者 😊：小学校2年生（神奈川県）　　回答者 📻：国司 真先生

😊「太陽の色は、何色ですか?」

司会「んー?　何色だと思いますか?」

😊「赤かオレンジだと思います」

司会「じゃぁ、なんで聞きたいなーって、思ったの?」

😊「太陽の絵を描くときに、迷っちゃうからです」

―― 先生、そうかと小さな声でつぶやいているようです ――

📻「おじさんもねぇ、小学生のときの絵では、太陽を赤く描いたと思う。周りにいっぱい輝く線も描いたな」

📻「ところがね、今、おじさんは毎日太陽の観察をしてるんです。昨日も、雲がちょっと切れたときに太陽の観察をしたらね、表面に黒点っていうのがなくなって、静かな太陽だなぁ、なんて思いました」

司会「黒点って黒い点ですか?」

📻「そうです、いつもはあるんですが、昨日はなかったんです」

📻「そこで質問の太

減光フィルターを通して撮影された太陽。
やや下側に見えるのが黒点

陽の色なんだけど……。ま
ずね、太陽は絶対に直接見
ないでね！　目を傷めちゃ
うからね。そして、太陽の
光を白い紙に当てると、こ
れはね。白の色に少し黄色
が入ったぐらい」

夕日の周りの赤く染まった色は、印象
に残りやすいもの

「はい」

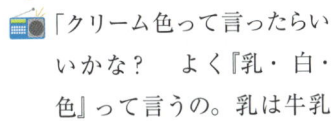「クリーム色って言ったらい
いかな？　よく『乳・白・
色』って言うの。乳は牛乳
の乳ね、そして白で乳白色、そんなふうに言うことがあり
ます」

——————— 先生、お話するスピードを少し上げて ———————

「太陽からは、いろいろな色の光が出ていて、それが混ざっ
て乳白色に見えます。夕焼けのときや、昇ったすぐのころ
の太陽が、赤色とか黄色に見えるのは、太陽の光が地球の
大気をたくさん通るので、青い光が散らばって、赤い光が
多く地上にとどくからだよ」

「でもね、昼間の太陽の色はさっきの乳白色なんです」

「ん」

「太陽は表面の温度が6000℃もあって、とってもとっても熱
いのね。だから、そんな色の光が出てくるんですよ。それ
で大丈夫かな」

司会「わかりましたかー？」

「はい」

司会「乳白色っていう言葉をおぼえておいてね」

流れ星は
どこから来ますか?

星くずと地球がぶつかる「交差点」があります

質問者 💁 ：小学校5年生（愛知県）　　回答者 📻 ：国司 真先生

💁「流れ星は、どこから流れてくるのですか？」

司会「流れ星、見たことある？」

💁「はい、1回だけあります」

司会「どこで見たの？」

💁「もう1回、お願いしますー」

司会「どこで見たんですか？」

💁「家のベランダで見ました！」

司会「たまたま見たの？」

💁「はい」

司会「ラッキーでしたね」

💁「はぁい」

スイフト・タットル彗星　　（写真：NASA）

📻「そうか、流れ星が見られたの。よかったね！ で、どこから流れ星が飛んでくるのか？ ってことだけど。毎年、8月の12日前後に『ペルセウス座流星群』がやってくるんだ。この流れ星はね、ペルセウス座のほうから飛んでくるんだよね」

💁「はい」

📻「だけどさ、ペルセウス座のほうって言っても、宇宙空間のどのへんかわからないよね」

💁「はぁ」

📻「そこでね、流れ星の光っている高さを調べた先生がいるんですよ。カメラを星空に向けて、違う場所から同じ流れ星

を写真に撮って調べてみました」

「今から60年ぐらい前に、当時の東京天文台（三鷹）と、川崎の小学校から流れ星の写真を撮ったの。そしたら同じ流れ星なのに、見える方角がちょっと違うんだよね」

「あっ」

「そうすると三角測量でね、この流れ星は地上100kmぐらいのところで光ってるんだなっていうのがわかってきたのね。その流れ星のもとになるものが宇宙のチリで流星物質と言います。それはどこから来たかというと、まだ先があって、ほうき星が関係しているらしいんです」

―― 質問者から「はぁ」と感動したような声がもれます ――

「ほうき星って聞いたことある？」

「ううん、ないです」

「ハレー彗星とか、ヘール・ボップ彗星とか。この前のアイソン彗星は、太陽に近づきすぎて、なくなっちゃったんだけれど……」

「ほうき星というのが太陽系の中にいくつもあって。これはねぇ、形が『ほうき』の形に似ているの、掃除で使うほうき……」

「あっ」

「ほうき星が太陽に近づくと、頭のところにある汚れた氷みたいなのが溶けるのね。それがね、尻尾のように反対側にすーっと伸びて、ほうきの形になるの。そこには、宇宙のチリがいっぱい入ってるんですよ」

「これはおじさんの個人的な見解なんですけども、ほうき星というのはね。太陽系の天体の中で一番、マナーが悪いの！」

「ほぉ……」

「自分の通り道に、これ『軌道』って言うんだけども、宇宙のチリをどんどん撒き散らして汚して行っちゃうんだもの」

「そうなんですか！」

「だって、ほうきだから掃いてきれいにしていけばいいのにね。チリを撒き散らしちゃうんだよ (笑)」

―――――― 先生の周りから笑い声 ――――――

「そして、ほうき星の後ろに、宇宙のチリ、流星のもとになる流星物質がいっぱい散らばっちゃうわけ」

「はぁ (笑)」

「さて、ほうき星の通り道があるように、地球にも通り道があるの。みんな太陽の周りを回ってるんだけど……。この通り道が交わってる場所があるんです。宇宙に交差点ができるのね。地球は1年でぐるっと回ってるから、必ず同じ時期にその交差点を通過するんです」

「宇宙の交差点に信号機なんてないよね。『そろそろ地球が来ますから、星くずさん待っててください』とはならないんです。必ずそこで星くずと地球がぶつかっちゃいます！」

「ええ、そうなんですか！」

「これ大変だよね！　だけど、星くずの大きさはお米の粒から小石ぐらいの、とっても小さいものなんですよ」

「あぁ」

―――――― 聞いているほうもひと安心 ――――――

「そうすると、星くずは、地球の地面にぶつかる前に、地球の空気にぶつかるのね。毎秒何十kmのものすごいスピードでぶつかるから、その運動のエネルギーが全部、熱とか光のエネルギーになって、パッと光るんです。これが流れ星の

正体なんです」

「そうなんだ！」

「ペルセウス座流星群は、8月の11～13日に多いんですが、これは、133年もかかって太陽の周りを回っている『スイフト・タットル彗星』っていうほうき星の星くずが、地球に衝突して光ってるのね」

「天の川が見られるような空の暗い場所だと、うまくすると、1時間に50～60個も、流れ星が数えられます。ですから、ベランダでもいいので。真夜中から明け方にかけてが一番、流れ星が飛びそうなんだけど、ぜひ、ほうき星の星くずがパッと光る、そんな現象を見てくださいね」

「はーい」

「とにかく、よく晴れた日を狙って見てください。一晩でたくさん見られるかもしれない」

ペルセウス座流星群の流星。2016年のもの　　　　　（写真：NASA/Bill Ingalls）

星座それぞれに
必ず1等星がありますか?

質問者 👲😊：小学校4年生(埼玉県)　　回答者 📻：永田美絵先生

👲😊「星座には、絶対に1等星があるのですか……？」

司会「どう思いますか？　あるって思う？　ないって思う？」

👲😊「あると思う」

📻「星座が好きですか？」

👲😊「はい」

📻「先生も大好きなんです。でね、1等星って、目で見える明るい星だよね。(質問の)答えを先に言っちゃうと」

📻「残念でした……全部にあるんじゃないですよぉ」

👲😊「はい……」

📻「星座っていうのはね、全天で88もあるの」

👲😊「えぇぇー！」

―― がっかりした様子から一転、とてもびっくり！ ――

📻「そう、とってもたくさんあるのね。それに対して、1等星は全部で21個しかないの」

📻「全部の星座に必ず1等星があるってわけではないんですね。一番、1等星が多い星座は……聞いたことあるんじゃないかなぁ、冬の星座で『オリオン座』って言います」

👲😊「あぁぁー！　聞いたことある！」

📻「オリオン座は長四角の中に、『てんてんてん』って、みっつの星が並んでいる形なんだけど。その長四角の両端にベテ

ルギウスっていう星と、リゲルっていう星があって、このふたつが1等星なの」

「そうなんだ！」

「オリオン座は、1等星をふたつも持っているうえに、みっつ並んでいる『三ツ星』は2等星でね。明るい星が多くて、目立つ豪華な星座なのね」

「ひとつの1等星を持っている星座がいくつかあるんだけど、今の時期ならね……。学校で夏の大三角って習った？」

「習いました！」

「おぼえてるかな？」

「えっと、デネブとベガとアルタイル……」

「すごい！　大正解です！　こと座のベガっていう星と、わし座のアルタイル、それと、はくちょう座のデネブっていう星が三角に並んでいて、これが夏の大三角だよね。この三角の星は、みーんな1等星です」

「はい」

「1等星は明るいから見つけやすいよね。昔からとっても目立っていて、いろんな人たちが見ていたのね」

「あとは、夏の星座のさそり座のアンタレスっていう星も1等星なの。聞いたことある？」

「はい、理科の教科書に出てました」

「このアンタレスは、今（2016年7月下旬）だと夜の8時ぐらいに南の空によく見えるんだけど※、ちょっと赤っぽい色をしてるんだよ」

※6月中旬〜7月上旬は22時ごろ、7月下旬〜8月上旬は20時ごろ、南の空に見えます。8月下旬なら20時ごろの西の空が見やすいでしょう

「へぇぇー！」

📻「同じ1等星でも、今度よく見てみてね。1等星でも色が少し違ってたり、明るさが少し違うの。すごく明るい1等星もあれば、暗めの1等星もあります。一番明るいのが、おおいぬ座のシリウスなんだけど……。いろいろと見比べてみるとおもしろいよ」

😊「はーい」

📻「夏休み、梅雨が明けたら1等星探しをしてみてください」

😊「はい！」

——————— 元気のよいお返事が続いています ———————

司会「おうちは埼玉県だから、今日のお天気はどうかな？」

😊「悪いっていうか、雨が降ってる」

司会「じゃあ、梅雨が明けるのが楽しみですね」

📻「先生が通う東京の渋谷でも、明るい1等星は全部見えるよ」

😊「ええっ！」

📻「よーく見えるよ。だからきっと見つけられると思います」

司会「先生、1等星と2等星って、相当明るさが違うんですか？」

📻「ちょっと微妙なところもあるんです。同じ1等星でも、2等星よりの1等星もあれば、0等星よりの1等星もあります。たとえば、ふたご座のカストルとポルックスですが。ポルックスが1等星、カストルが2等星で、よーく見比べると、ポルックスが少し明るいなというのはわかるんだけど。同じぐらいの明るさに見えるんです」

司会「えっと、1等星の先に0等星というのが……」

📻「そうです。1等星より明るい星に0等星があって、さらに明るいと、マイナス1等星としています」

司会「0等星って聞いたことある？」

😊「ないです！」

司会「だよねぇ、うふふっ。0等星は惑星ですか？」

「いえいえ、星座の星の中にも、0等星はあります。小学校の理科では、デネブもアルタイルもベガも全部1等星ですが、実は正確に言うとベガは……0等星なんです」

司会「非常に明るいのですか？」

「そうなんです」

司会「シリウスも0等星ですか？」

「シリウスはマイナス1等星です。でも、小学校の理科では、明るい21個の星を全部1等星にしてるんですね」

司会「（先生のお話は）わかった？」

「はい！」

司会「夏休みに楽しみにしていること、ありますか？」

「ひいおばあちゃんのところに行くので、そこで星を見たいです」

「いっぱい見られそうだね。天の川も見えるかな？」

「たぶん見えると思う」

司会「楽しみだね。先生から聞いたことも考えながら、星空の観察を楽しんでね」

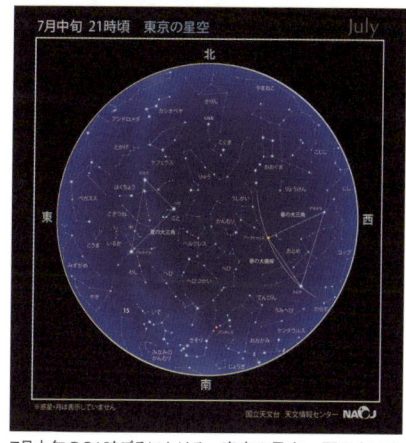

7月中旬の21時ごろにおける、東京の星空。夏の大三角は、このころから9月ごろまでが見やすいでしょう

（図：国立天文台）

宇宙食は、なぜ硬いのですか?

地球から離れて「食べる」工夫の数々!

質問者 😊：小学校3年生（大阪府）　　回答者 📻：長沼 毅先生

😊「遊びに行ったときに、お店で宇宙食を触ってみたのですが、パリパリしてて硬くて、どうしてそんなに硬いのかな？　って思いました」

司会「硬そうで、おいしそうには感じなかったのですか？」

😊「そういうことではないんですけど……」

司会「なぜ、そんなに硬いのかってことですね」

📻「宇宙食ね、先生も食べてみたいですね、宇宙で！……地上では食べましたけどね。硬い理由は、ふたつあるんです。第一の理由は、食べ物からね、水分を抜いてしまうんです。お水をとっちゃうの！」

司会「おお」

📻「結局、食べ物って水の部分がずいぶんあるんですよ。そこをとってしまうと、ずいぶん軽くなるのね」

😊「なるほど！」

📻「宇宙にものを運ぶのって、ものすごくお金がかかるって想像できるでしょ？」

😊「えっ、知らなかった！」

📻「高いんですよ～。たとえばね、宇宙ステーションってあるじゃないですか。その宇宙ステーションだと、コップ1杯のお水が、なんと30万円！」

😊「たっか！」

「『たっか！』ですよね（笑）。だからね、お水を運ぶのだって大変な話なんですよ。できるだけ荷物は軽くしたいんです」

「ふんふん」

「軽くするために、食べ物は水分を抜いて、カラッカラに乾燥させて運んで、宇宙ステーションの中で自分の唾液と混ぜてやわらかくして食べるんですけどね」

「へぇぇー」

「ただ、カラッカラに乾かすと粉になるときがあるよね。この粉末にも困ったことがあって。宇宙ステーションの中で飛び散ると、地球と違って無重力だから広がっちゃうんですよ。部屋中に！」

司会「ははぁ」

「あああー」

「小さい粉が、とても大事な機械のスキマに入ったりすると、機械が故障したりするのね。だから粉は嫌われているんです」

「食べ物は乾かして、粉が出ないように固めたい、カチカチに固めちゃいたい！　というのが、宇宙食がギチギチのバリバリに固まっている理由なんですね。それを、ガジガジと噛んで口の中で唾液と混ぜながら、やわらかくして食べるようになっています」

「はーい」

「それだけじゃつまらないので、ときどきね、特別食というのがあります。特別に食べられるものがあるんです！」

「特別食って、特別なときに？」

「そうです、いつもじゃないですよ。たとえば、ラーメン。宇宙ラーメンがあります！」

司会「ラーメンも食べられるんですか？　へぇー」

131

「宇宙ラーメン⁉」

「それはね、普通のカップ麺とは違うんだけれども。（プラスチックの）袋の中に、乾いた麺が入っていて、そこにお湯をほんのちょっと入れるの。そして、お湯は沸騰させてはいけません」

司会「ほぉぉ」

「宇宙ステーションでは、70℃ぐらいのちょっとぬるい感じのお湯を入れてふやかします。スープはありません」

「あー」

「ペースト状というかどろどろしたのに、ふやけた麺をからめて食べる……というのがありました」

「なるほど、うん」

司会「硬い理由と、特別食があるのがわかりましたね」

「はい」

国際宇宙ステーションに日本人が搭乗するようになって、JAXAでもさまざまな「宇宙日本食」を開発しています。特によう かんは、私たちが地上で食べるものとほとんど同じで、各国の宇宙飛行士にも人気。同じものが、一部のスーパー・コンビニで買えます

（写真：JAXA）

宇宙ラーメンを食べる油井宇宙飛行士。2015年8月31日、宇宙ステーション「きぼう」で

（写真：JAXA/NASA）

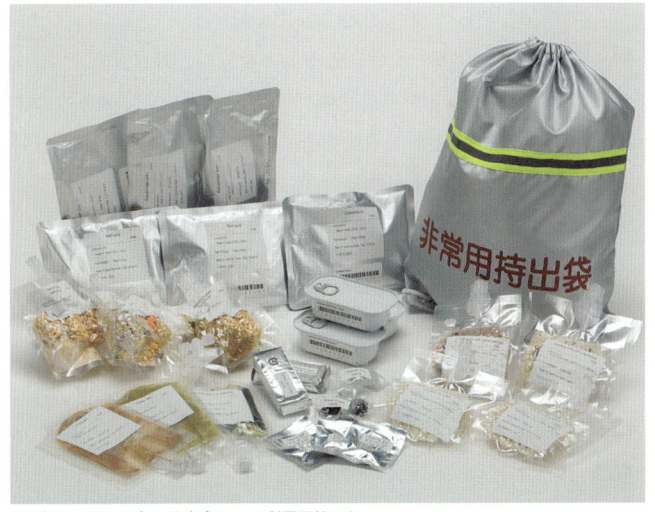

さまざまな宇宙日本食。非常食としても利用可能です　　　　　（写真：JAXA）

宇宙空間で
紙飛行機を飛ばしたら？

意外にもスピードは落ちません

質問者 👄：小学校5年生（京都府）　　回答者 📻：国司 真先生

📖👄「宇宙空間から紙飛行機を投げるとどうなりますか？」

司会「紙飛行機をよく作ったり飛ばしたりするんですか？」

📖👄「しまーす」

司会「そっか。どうなると思います？」

📖👄「地球に落ちるか……。それとも上で止まるか」

📻「おじさんも小学生のときに、紙飛行機をたくさん作った！　それを宇宙空間で飛ばしたらどうなるか……すごい発想だねぇ。宇宙ステーションの中ではなくて、船外に出て飛ばしたら？　って意味なんだよね」

📖👄「そうです、ステーションの中じゃなくて、外に出てです」

📻「そうすると、まず宇宙空間には地上のような空気がないよね。紙飛行機とか、本物の飛行機もどうして飛ぶかっていうと……。翼に風が吹くと上に引っ張り上げられる力、これを『揚力』って言うんだけど、それが働いて飛行機は飛んでいきます」

📻「でも宇宙は、空気がなくて揚力もないから、最初に投げたときのスピードで、ずーっと飛んでいくんです。これね、慣性の法則って言うんですけれど」

📖👄「投げたスピードでずーっと……」

司会「慣性の法則って聞いたことあるかしら？」

📖👄「聞いたことないです」

📻「中学か高校で習うんだけどね。一度、運動が起こると、ずーっとそれが続きます。そんな力なんです。それで、地球のほうに向けて飛ばすのかな？」

📻「そうすると、だんだんと地球に近づいて高度を下げていきます。それで地球の大気と衝突をして……。スピードにもよるんですけども。宇宙ステーションと同じぐらいのスピードだと、秒速8kmぐらい、時速で言うと2万8000kmの、とても速いスピードで……」

😃「にまん、はっせんっ……」

📻「そのスピードで空気のあるところに行くと、空気を圧縮するようになって熱が出るんです。これ『圧縮熱』って言うんですけど、高温になって、きっと紙飛行機はなくなっちゃう」

😃「も、え、つきる……？」

📻「燃えるかどうかはむずかしいんですけど、酸素がそれほどないので、こげて小さくなって、最後は消えちゃう。分解してなくなっちゃうかな」

📻「人工衛星も地球に近づいてきたら、高温になって分解して消滅しちゃいます。大きな流れ星のように地球からは見られるんですけどね」

📻「紙飛行機も流れ星になってしまうと思うんです。それでいいかな？　大丈夫かな？」

😃「はい、わかりました」

司会「隕石はそういうふうに燃えてなくならないってことは知ってたの？」

😃「はい、聞いたことがあります」

📻「隕石はね、岩石とか鉄とかニッケルの塊で、燃えつきないで地上に落ちてきたものです」

宇宙空間には風が吹いているのですか？

太陽から地球にも吹き、そして曲がって……

質問者 😊：小学校3年生（岐阜県）　　回答者 📻：長沼 毅先生

😊「宇宙空間には風が吹いているんですか？」

司会「おおー……」

—————— 司会さん、すぐに先生へバトンタッチ！ ——————

📻「宇宙に興味があるんですね！」

😊「はい」

📻「宇宙というと、まず空気がないのは知っていますか？」

😊「……はい」

📻「私たちは地球の上にいて、空気を吸ってますよね。でも宇宙には空気がないから、たとえば宇宙飛行士は宇宙服を着てヘルメットをつけないと、死んじゃいますよね。宇宙には空気がないから風は吹かないと……思いますよね？　普通は」

😊「はい」

📻「ところが、よーく調べてみると」

📻「宇宙にも風が吹いてるんですよぉ！」

😊「……はい」

📻「でも、それはね、私たちが普通感じるような風とは違います。これから先生が話すのは、地球の周り、太陽系の宇宙だと思ってくださいね。で、宇宙に吹いてる風のもとは、その太陽なんです」

😊「はぁい！」

—————— このお話が聞きたかった！ のかもしれません ——————

「太陽が隠れる『日食』っていう現象は、知っていますか？」

「はい」

司会「おおぉ」

「日食のときに、太陽は暗く真っ黒になっちゃいますけど、周りに明るく輝いてる部分がある写真を見たことがありますか？」

「はいっ！」

「あの部分は、コロナって呼ぶんですよね。しかもあの部分の温度は、100万℃もあるんです」

「えぇー‼」

「すっごく熱い部分なんですけど。そのコロナの部分から、いろいろなプラズマって言う物質が飛び出しているの。それが、太陽から四方八方に飛び出している」

太陽が月に完全に隠される皆既日食の写真。中央の黒丸が月。太陽の表面がぎりぎりかくれています。月（のシルエット）のすぐそばに赤く見えるのが太陽から吹き出しているプロミネンス。白く毛のように見えるのがコロナです。コロナはいつも出ていますが、普段は太陽がまぶしすぎて皆既日食のときにしか見えません。コロナの形や大きさは、そのときの太陽の活動によって変わります

📻「その粒子、プラズマの流れが『風』って言われてます。これ、私たちが知ってる風とは違うんだけれども、専門家の先生たちは『太陽風（たいようかぜ）』と呼んでるんです」

—— 太陽風は「たいようふう」とも読みます ——

📻「太陽から、そういったプラズマってものが風のように飛び出して、それが地球にも向かってきているんですよ。そのプラズマの太陽風が、地球に当たると……。地球は大きい磁石みたいだっていうのを知ってるかな？」

😊「……聞いたことがありません」

📻「地球にプラズマがやってくると、磁石の力で北極と南極の方向に曲げられて地球に入ってくるの。そのまま地球に直撃はしないんですね」

宇宙（国際宇宙ステーション）から見たオーロラ。太陽風は、吹き始めはコロナと同じ約100万℃ですが、地球の近くまで吹いてくると約10万℃にまで下がります。風といってもほとんど真空と変わらないぐらいスカスカなので、人工衛星などを押しつけるような力はありません

（写真：NASA）

📻「北極や南極に曲げられて入ってきて、北極や南極の空の高いところでプラズマと地球の空気が当たると光る！　それが、オーロラですね」

司会「はぁー」

📻「オーロラは、太陽風という宇宙に吹いている風のせいでできるんです。……というのを知ってください」

😊「はい」

司会「オーロラはわかる？」

😊「はい」

司会「あれも宇宙を吹いてる太陽風のせいなんだって。わかってくれたかな？」

😊「はい」

地上（カナダのイエローナイフ）から見たオーロラ。太陽から出る太陽風は、2〜6日ぐらいかけて地球にとどきます。たまに太陽から強い太陽風が吹くときがあって、そういうときにきれいなオーロラが見られます

星はいつからあって
どのように生まれたのですか?

5分ほどで語られる138億年の話

質問者 👦：小学校5年生（埼玉県）　　回答者 📻：国司 真先生

👦「星はどのようにして生まれて、そしてどれぐらい前からあるのか？　を聞きたいです」

司会「星って言うのは、どの星のこと？」

👦「空に輝いている星」

司会「それ全部のことを聞きたいのね。地球が、とか月が、じゃないのね」

👦「はい」

📻「そうだよね、いつごろ光り始めたのか不思議に思うよね。そこで、住んでいる地球、これも星のひとつでしょ。この地球が生まれたのがだいたいー、46億年くらい前だと言われています」

👦「へぇー」

📻「それから、地球と同じように太陽の周りを回っている惑星たちも、ほぼ同じです。真ん中の太陽は、それよりもちょっと前かな、50億年ぐらい昔には光っていたのかな？　そんなふうに考えられていて、じゃあ、それがどういうふうに出来上がったのかな？　となると……。まずね、『銀河系』って言葉を聞いたことある？」

👦「あります」

📻「天の川銀河とも呼ぶんですけれど、太陽系が入っている何千億という星が渦巻状に集まっている星の大集団です」

📻「その一角に、原始太陽系星雲っていう、モヤモヤッとした、ガスの渦巻きみたいなのができたんだって！ そのガスはね、ほとんどが水素とヘリウム。これがぐるぐる回って、真ん中にどんどん水素が集まってくると、温度が高くなっちゃうんだよね。ぎゅぎゅぎゅーって集まってきたガスは、そうですね……中心の温度が1500万℃くらいになると、水素がヘリウムに変わる『核融合反応』が起こって、太陽が光り始めるんです」

―――― かなり難しいことを、さらっと説明する先生 ――――

📻「どのようにして生まれたかっていうとね、自分で光っている星を『恒星』って言うんですけども、太陽や星座の星はそんなふうにして光り始めます」

📻「それから、太陽の周りのガスやチリがまた集まっていって、水星とか金星、それから地球、火星、木星、土星、天王星、海王星といった惑星が出来上がって、今の太陽系があるの

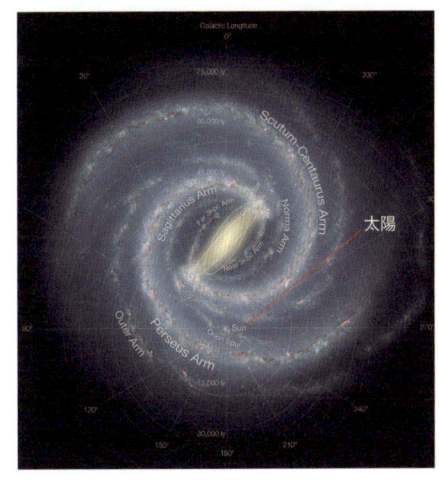

太陽

銀河系の想像図と太陽の位置
（図：NASA/JPL-Caltech/ESO/
R. Hurt）

ね。質問はもっと先の星のこともあるんだよね。星ってさ、まだまだたくさんあるもんね」

「はい」

「さっき銀河系のお話をしました。その銀河系が生まれたのは、太陽や地球が生まれた46億年前よりも、さらにもっとずっとずっと前だと思うんですよね。宇宙がいつできたのか、いろんな天文学者が調べててね。それがね、だいたいね……『百！三十、八、億』年ぐらい昔に……」

「ええっ！」

「すごい爆発を起こして宇宙が広がり始めたって言われています。そこで、宇宙が出来上がったのね。『ビックバ〜ン！』って名前がついています」

「その後、銀河系のような銀河がたくさん宇宙にできるのですが、銀河ができたのが……はっきりわからないんだけど、これが130億年ぐらい昔かな？　そういったことが、今わかってきてるんです」

「『何光年先の星』って言うけど、聞いたことある？」

「はい」

「遠くの銀河、たとえば50億光年先にある銀河を見ると、どういうことがわかるかっていうと、これは50億年前の様子がわかっちゃうってことになるんだよね」

「うん」

「ですから、どんどん遠い遠い天体を見れば見るほど、宇宙が始まったころの様子を観察できるんです。そうして調べていくと、約130億光年先の銀河が見えてきました。だから130億年ぐらい前には、銀河ができていた、ということがわかっています」

📻「今も、世界中の天文学者が大きな望遠鏡で、より遠い天体を見つけようとしてます。そうして、宇宙の昔のことがわかってきました。こんなところでいいかな？」

――――――その後――――――

司会 先生！　一番古い星は138億年前に生まれたってことでいいんですか？

📻 ビッグバンのすぐあとの宇宙は、光も通らないほどぎゅうぎゅうだったので、よく見えないんですよ。その後、宇宙が広がり始めてから、ようやく光が通るようになるんですね。

司会 では銀河ができた130億年前ぐらい前に、恒星も？

📻 ですね。それが最初の星の誕生ということですね。

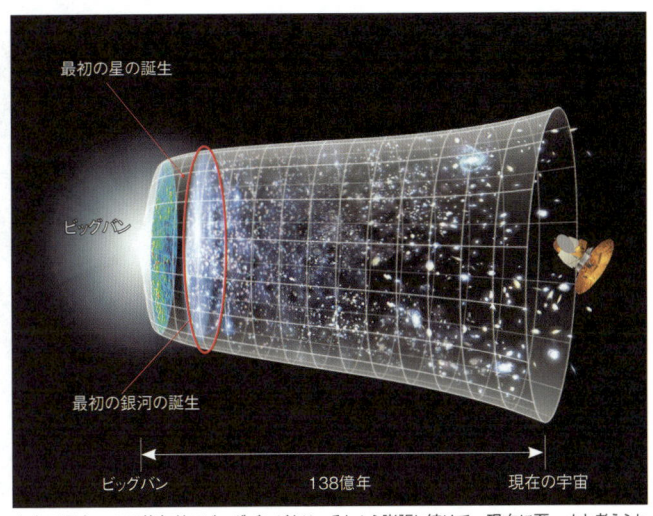

宇宙の歴史。138億年前にビッグバンがあり、それから膨張し続けて、現在に至ったと考えられています　　　　　　　　　　　　　　　　　（図：NASA/WMAP Science Team）

地球で最初の生物は、
どうやって生まれたの?

本当のところはよくわからないんです

質問者 😊 ：小学校1年生（大阪府）　　回答者 📻 ：成島悦雄先生

😊 「んっと、地球で一番最初に生まれた生き物は、どうやって生まれたんですか？」

司会 「うんうん、一番最初に生まれた生き物かぁ、不思議だよね。どういう生き物だと思う？」

😊 「んー？ わからない」

📻 「むずかしい問題ですね……。今、いろんな専門の先生が調べてるんだけども、本当のところはよくわからないんですね」

😊 「ん」

📻 「ただ、ふたつ考え方があって、ひとつは宇宙からやってきたっていう説があるんですね！」

😊 「ふ……うん！」

—— 質問者、興味しんしんです ——

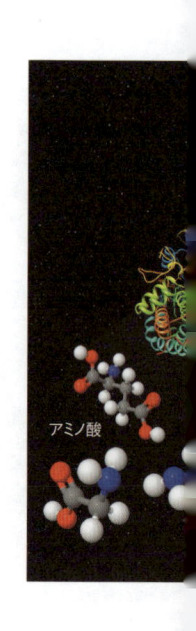

アミノ酸

📻 「宇宙から、生き物のもとがやってきて、それが地球の中で生き物になっていったっていうことです」

📻 「もうひとつはね、ものすごーく昔、46億年前に地球が生まれて、それからしばらくして……40億年前とか38

億年前とか言われてますけど。そのぐらい昔に地球で生き物が生まれたっていう説もあるんです。そのころの地球は、今とは違って酸素もなかったし、ものすごく熱くて、原始地球って言うんですけれど、今とぜんぜん違う環境だったんですね」

「ん」

「原始地球の海の中では、海底の奥から熱い水が噴き出したり、火山が爆発したりして、とても激しい活動があったと考えられているんです。そういう状況の中で、海の酸素とか窒素とか二酸化炭素が……。化学反応っていってもわからないよね、海の中でいろんなものがくっついて命のもとが生まれた……っていうのがもうひとつの考え方」

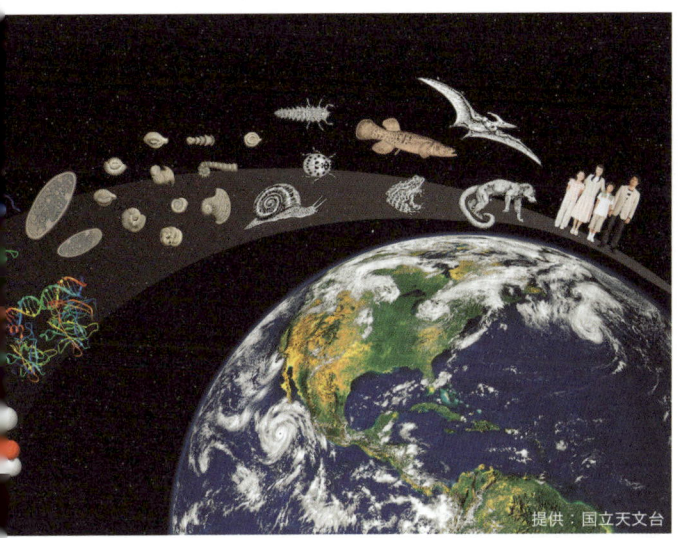

提供：国立天文台

アミノ酸などから、タンパク質やDNA、単細胞生物、多細胞生物をへてヒトまでがつながっているイメージ
（図：国立天文台）

📻「宇宙からやってきたっていう説と、原始の地球の海の中で命のもとが生まれたっていう、ふたつの考え方があるようです」

😊「ふーん」

司会「先生、宇宙からやってきたというのは、宇宙人みたいなのがやってきた、ということじゃないんですよね」

📻「説明が足りなかったですね。隕石が落ちてきますよね？」

😊「ん！」

司会「隕石、わかる？」

😊「はい」

📻「隕石が落ちてくるでしょう？ 空から大きなお星様の粒みたいなのが落ちてくるわけだよね。それに、生き物のもとになるアミノ酸がくっついてるのが、わかってるんですね。それが何十億年前の地球にいっぱい来て、宇宙から運ばれて

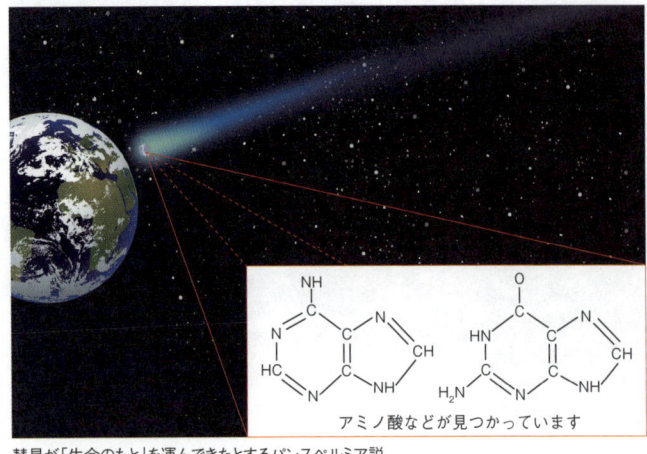

アミノ酸などが見つかっています

彗星が「生命のもと」を運んできたとするパンスペルミア説

きたんじゃないか？　ということがわかってきたんです」

「はい」

「でもね。それが僕たちの祖先かどうかっていうのは、ちゃんとは証明されてないみたいですよ」

司会「先生、最初の命はどんな形の、どんな生き物なんですか？」

「やっぱり最初は細胞のもとみたいなものだったと思います。今の細胞は、核というのが膜で包まれてますよね。それが膜に包まれてなくて、ドロドロした中に……分裂するためのもとみたいなのがごちゃごちゃに入っていた？　そんな形をしていたみたいですね」

司会「小さいですか？」

「小さいですね」

司会「わかったかな？　すごく小さい生き物のもとみたいなのが、宇宙から来たか、地球で生まれたかのどっちかなんだって」

「はい」

2014年にヨーロッパ宇宙機関 (ESA) の探査機が調査したチュリュモフ・ゲラシメンコ彗星。アミノ酸のグリシンが見つかり、彗星によって生命のもとが運ばれた可能性が話題に

（写真：ESA/Rosetta/Philae/CIVA）

第4章

大人もたじろぐ難問奇問

カガミに映ると
反対になるのはどうして?

大人にもむずかしいのですが、実は……

質問者 😊：5歳（新潟県）　　回答者 📻：竹内 薫先生

😊「なぜ、カガミに映ると右左が反対になるんですか?」

司会「ああ、よくありますね。これ、わからないですね」

📻「カガミに映ったものというのは、右と左が反対になるのではないんですよー。ちょっとむずかしいんですが、前と後ろが反対になるんですね」

😊「はい……」

📻「今、カガミはありますか?　すぐそばになければ、あとでいいんですけれど、カガミを見てくださいね」

😊「はい」

📻「そうすると、カガミの中の……あなたは、どっちを向いているか、ということなんです」

📻「カガミの中のあなたが、本物のあなたと同じ向きを向いているなら、頭の後ろとか、背中が見えるはずですよね」

📻「でも、実際には顔とか胸が見えるでしょう?　ということは、カガミの中のあなたは、本物のあなたと反対方向を向いてるんですよ。前と後ろが反対になってるんです」

📻「これ、実はすごくむずかしい問題なんですけれど……。右と左は逆さになってないんですね。前と後ろが逆さなんです」

――――― ほかの先生方のため息と感嘆の声が! ―――――

📻「どうでしょう……。大人でも右と左が逆さまだと思ってる人が多いんですけれど……」

司会 「いいですか？」

😊 「はい」

司会 「司会のおじさんも、よくわからないんです」

📻 「これを、右と左って感じてしまうのは、人間の体の形が右と左で同じようになってるからなんですね。だから右と左が逆さまだと思うんですけれど、カガミで逆さまになるんだったら、上と下も逆さまになるはずなんです」

📻 「でも、上と下は逆さまにならないですよね。むずかしい言い方ですけど、右と左が反対だと思うのは『錯覚』なんです」

😊 「はい」

📻 「右と左が逆さまに感じるけれど、本当はそうじゃない」

😊 「ええぇー」

司会 「へぇ……。前と後ろが逆さまだと思ってくださいね」

😊 「は……い」

その後

司会 いやぁ、むずかしいです。

📻 そうですね。これはすごくむずかしくて、大人になって大学で、哲学とか物理学という学問で、初めてはっきりわかる問題なんですね。でも、この問題に5歳で気づいたのはすごいですね。

司会 カガミに向かって右手を上げますよね。そうするとカガミの中では左手を上げたように見えますよね……。

📻 そう感じてしまうんですけども、右手なんです。

カガミに映る像、実は前後が逆

人の心は
どこにあるのですか?

「わからない」のが科学的に正しい!

質問者 😊：小学校2年生(滋賀県)　　回答者 📻：篠原菊紀先生

😊「心はどこにあるんですか？」

司会「んん、心はどこにあるの？　という質問ですね」

司会「なんでこれ、不思議だと思ったの？」

😊「ママに聞いても、どこにあるのかよくわからないと言われたので……。教えてください」

司会「ママに聞いたんだね。はい、先生教えてください！」

📻「先生も教えられないんだけど……(苦笑)」

司会「そんなことおっしゃらずに(笑)」

――――――― ほかの先生方も苦笑 ―――――――

📻「こんにちは、心はどこにあるんですか？　って質問、どういうときに思いついたの？」

😊「うーん、思うところはどこなんだろうなぁって……」

📻「そっか、そうやって思ってるときに考えたんだ。どこでぼくは考えたりしてるんだろう？　って」

😊「はい」

📻「それね、おかあさんが言った『わからない』っていうのは、とりあえずというか、今の段階では正解でいいと思うんです。わからないっていうのがね」

😊「はい」

📻「そうなんだけど、先生たちみたいに、脳と心の関係を調べている人たちは、『わからない』って言えないんです」

📻「心がいろんなふうに動いたりとか変わったりしているとき
に、脳のどこかが活動してるんじゃないか？ どこかの回路
が動いたりしてるんじゃないか？ って……。『仮説』って言
うんだけど、そういう考え方をしてから実際に調べてみる
んです」

📻「そうすると、今のところかなりうまいこといっていて、たと
えば、悲しいときによく活動する場所とか、何かを考えて
いるときによく活動する場所とか……」

📻「考え方によって、たとえば図形を考えているときと、文章
を考えているときではちょっと場所が違うとか、そういうこ
ともわかるようには、なってきてるんだよね」

😊「はい」

📻「そうして、いろんな結果が集まってくると……。『心って
脳なんじゃないの？』って、かなり強くは思ってるけど。で
も、これはあくまでも仮説というか、考えるための最初の
前提みたいな話になるんですよ」

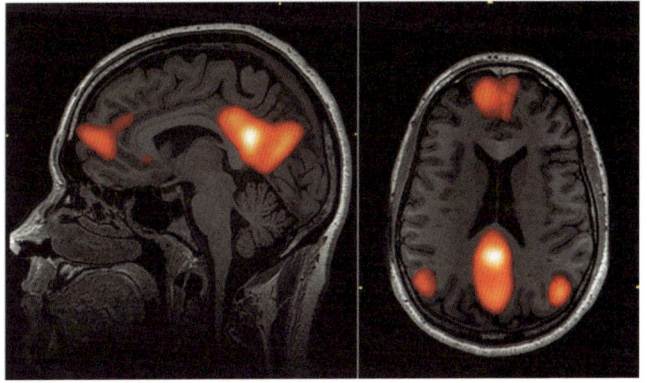

fMRIという装置が開発され、考えごとなどをしているときに脳のどの部分が活発に働いているかが
わかるようになってきました

「はい」

「なぜ、そんな言い方をするかというと、たとえば……。緊張したときに脳のどこが動くかを調べると、その場所はわかるんだけど。脈拍を調べたり心臓のところに手を置いたりすると、ドキドキ感が伝わってくる」

「そしたら、心は心臓にあるんじゃないか？ って言ってもいいことになるよね？」

「はい」

「あるいは、誰かが布団の中で丸まってるのを外から見ると、あぁ～、今ちょっと辛そうなんだとか、眠いんだって想像できるよね。そうすると、布団の中にもぐりこんでる様子のところに心があるという言い方をしても、そう間違いじゃないんです（笑）」

「だから文学表現の中では、『月に私の心がある』って、言い方をしたりとか……」

「はぁぁー」

「たとえば、恐竜大好きな人だったら、自分の心は、『恐竜にある』って思ったり、大好きな『恐竜のグッズ』にあるって、当たり前のように思ったりするかもしれない」

「はい」

「……と、考えられるわけね。

心を描写する文学と関係が深い月。小倉百人一首のうち11首が月の歌であるなど、例には事欠きません

　先生たちは脳との関係を調べてて、そこではたくさんの証拠が出てくるので、それっぽいといえばそうなんだけど、ほかの考え方も成り立つし、見る視点によってそれが違ってくると……」

「なので、おかあさんがおっしゃった『わからない』というのがたぶん、一番正しい！ ということで、終わりにさせていただければと思います（笑）」

—————— ほかの先生方、背後で大爆笑 ——————

司会「どうですか、すごくむずかしい質問なんだって。わかんないんだけど、こういう……」

「科学って、だいたいわかんないことを、こうじゃない？ って思って、こうだったらこうなるよねってやってみて、それで結果を出しての積み重ねなんです。ひとつのことだけで『そうだ！』って決められるわけじゃなくて……」

「いろんなことをやって、積み重ねて、だんだんわかってくるものだと思います」

司会「ということでした。いいかなぁ？」

「うん」

司会「あっ、いいんだ。ありがとう！」

「（わかってくれて）ありがとうございます……」

「心は脳にある」だけが答えとは限らないのです

好きなのに
嫌いと言ってしまうのはどうして?

少しだけ気持ちを隠すと、集団生活はスムーズ

質問者 😊：小学校2年生(東京都)　　回答者 📻：篠原菊紀先生

😊「心の中では誰かのことを好きだと思っているのに……。口では好きだと言えないとか、嫌いだと言ってしまうのはなぜですか?」

司会「あーそうか、そういうことがあるんですか?」

😊「えっとぉ、ちょっと……」

📻「むずかしいですねぇ(笑)。どんなときにそうなるのかな?」

😊「おともだちとお別れするときとかぁ、なっちゃいます」

📻「それは、ともだちと楽しく遊んでいてお別れするときに、嫌いって言っちゃうの?」

😊「嫌いというか、おともだちが、『ありがとう、ずっと好きだよ』って、言ってくれたんだけど、そのあと、ずっとずっとおともだちと一緒にいて、時間いっぱいあったんだけど、好きって言えなかったから……」

司会「あぁぁー、うんうん」

😊「向こうが、私のほうは嫌いなのかなって思っちゃってないかなって、なんか心配になっちゃった」

📻「なるほどねー。本当は好きって言いたかったし、タイミングみたいなのを見計らってたんだけど、なかなか言う機会がなかった……ってことがあったんだね」

😊「うんー」

📻「そうかぁ、それはそのあとなんか、そのおともだちに『ホン

「ートは好きだよ』みたいなこと、言った？」

「言わないで別れちゃった」

「それはねー、うん、また会うともだちなんでしょ？」

「うーんと、会うと思う」

「じゃぁそのときに、いきなり言うのもなんだけど、話の中で、なんかどこかのところで『あなたのこと、ずっと好きだよ』って言ったほうがよいと思うね」

「はい」

「そういうふうにしたほうが、いいと思います」

「で、えっと、質問のほうに戻るけど、『心の中で誰かのことを好きだと思っているのに、嫌いと言ってしまう』のはどうして？　これね、むずかしい問題っていうか論争になってるところもあって」

「はい」

「ひとつはね。人間って集団で生きてるじゃないですか。集団、わかりますかね？　人がたくさんいて……。その中でも、好きっていう感情はとても大事な感情だし、そのことによって、誰かとつながっていくので大切なのね。でも、それを少し隠しておいたほうが、集団はうまくいく」

人間は集団で生きています

「はい」

「シミュレーションって言うんだけど（笑）……。実際にやって調べると、そういうルールを入れたほうがうまくいく、集団が大きくなるという実験が……」

司会 「ほぉー」

——————— 先生、急に声をひそめて ———————

「ストレートに言うのは大事なんだけども、好きっていう感情は、特に男女関係の場合は……うまくいくとは限らないので、少し隠しておいたほうが集団全体はうまくいく、みたいな考え方ってのはひとつあります」

司会 「はぁ」

「それから心理的な説明としては……。たとえば、あなたが誰かのことを好きって言って、嫌いって返されちゃうと嫌だよね？」

「はい」

「そういうのを心理的な防衛って言うんだけどぉ（笑）。好きって、すごく大事な感情だから、それがつぶされちゃったりするのをあらかじめ怖がって、だから嫌いって言っちゃったり、できるだけ（好きって）言わないようにしちゃったりする……のは考えられます」

「はい」

司会 「どうですか、ちっちゃな子も大人も同じでしょうか？」

「大人は、まぁその状況に合わせて、やっぱりここは言ったほうがいいとか、隠しとこうって判断をしますが、もともと、集団の利益とか心理防衛とかを持っていて……。好きっていうときに素直に態度に表せないのは、そのほうが周りとしてはうまくいくんだという考え方が多いですね」

📻「話を戻すけど、あなたの場合、さっきの話だと隠しとく必要もないので（笑）、おともだちには、なんかのときに『好きだよ』って伝えるのがいいと思います」

😊「はい」

📻「人間、なかなか一筋縄ではいかない、ということで……」

—————— 背後で、ほかの先生方が大爆笑 ——————

司会「またそのおともだちに会ったときには『好き』って言ってあげてね。今シーズン（2016年夏）、最後の質問は、心の問題でしたね」

📻「大変ですよね」

司会「なかなか複雑でむずかしい問題ですね。やさしいようでむずかしい」

📻「いや、むずかしいですよ！」

大人は状況に応じて、好きと言うか隠しておくか、判断することもあります

植物が、人間の言葉を理解するというのは本当？

ひどい言葉をかけながら「なでて」育てると……

質問者 😊：小学校6年生（東京都）　　回答者 📻：田中 修先生

😊「植物についてなんですけど……。植物に『早く育ってね』とかよい言葉をかけると、よく育って、よくない言葉をかけるとよく育たないっていうのは、本当なのかを……。聞きたいと思いました」

司会「そのお話はどこかで聞いたの？　何かで読んだり、誰か大人から聞いたりしたのかな？」

😊「ええと、おかあさんが言ってたから、そうなのかな？　って」

司会「そうなんだ。わかりました。『枯れちゃえ！』って言うと枯れてしまう？　ってことよね。『元気に育ってね』とか『かわいいね』って言うといい？　ってことね」

—— ほかの先生方、後ろでちょっと困ったような笑い ——

📻「これはね……。早く育ってねとか、かわいいねとか言ってるだけでは、普通に育つと思います」

😊「はい」

📻「でねー、ひどい言葉を、言ってても、普通に育つと思います」

😊「はい」

—— 質問者、楽しそうです ——

植物の「元気さ」の差を作るのは……？

📻 「『枯れちゃえ！』って言っても枯れることはないと思うよ。それは1回、実験してくれたらいいの。何かの植物に向かって、毎日、ひどぉーいことを言ってみて！」

😊 「はい」

――― みんなで、くすくす笑い ―――

📻 「ただ、態度を伴ったらあかんけどね。悪いことを言いながら水をあげへんとか、そんなんはあかんけれども……」

😊 「はぁい」

📻 「言葉だけやったら、何にも起こらないと思います。でもね、『元気に育ってね』と言ってたら本当に元気になるっていう人がいはります。そういうこと言う人は『本当だ！』って言わはるんです」

📻 「そんな人がいはったらね、聞いてみて？『かわいいって言いながら触ってなかった？』って。なでるとね……。植物ってのは触られるのは感じるんです」

😊 「はい!?」

📻 「触られると、茎が太く短くたくましくなるって性質があるの。ほとんどの植物が、触られてるのを感じるの。そやから触らへんほうが細く長くなるのを見て、『どっちが元気や』って言ったらね。茎が太く短くたくましいほうが元気やからね。元気に育ったということになるの」

😊 「あー、はい！」

📻 「でね、本当に言葉はわかってないのか？ ってことはね、簡単に調べられる……。それは、ひどーい言葉を言いながら、なでて触ってたら、やっぱり太く短くたくましくなるの……」

😊 「はいっ！」

――― 司会さんも思わず、くすっと ―――

キクの苗は接触刺激の比較実験
に向いています

📻「今の時期やと、秋に向けてキクの苗がたくさん出てくるからね、キクはこの反応をよく出すので、やってほしいんやけどね。キクを2本用意して、片方は触って育てるの。一方は、知らん顔して育てるの。でも、ちゃんと水とかは同じようにやらなあかんよ。しばらくしたら、触ってたほうは太く短くたくましく育つよ」

📻「植物って賢いからね、自分の茎で支えられる大きさの花を咲かせるんです。だから、太く短くたくましくなった苗は、大きな立派な花を咲かせるんよ。何にも触らなかったほうは、細く長くなってるから……」

📖「うん！」

———— 質問者、前のめりになって聞いている様子 ————

📻「小さな花しか咲かさへんのです」

📖「あーなる……ほぉどぉ（笑）。はい！」

📻「その実験をやったら、このお話は全部わかってもらえる。一度やってください、いいですかぁ？」

水や光を与える以外は
「知らん顔」をして育てると……

左の鉢と同じものをもうひとつ
用意し、「触って」育てると……

司会 「やってみますか？」

😊 「はい、やってみます！（笑）」

―――――――――― 一同、爆笑 ――――――――――

司会 「夏休みの間、8月の終わりまでにわかりますか」

📻 「背の高さのちがいは1週間もたたないうちに出ます！」

司会 「それはいいですね。夏休みの間に結果が出ると、これは自由研究のテーマにいいですね」

😊 「はいぃ、やってみます！」

司会 「先生、気をつけることは『ほかの環境は変えない』ですね」

📻 「そうです。ひどい言葉を言ってるからって、悪いことしたらあかんよ」

―――――――――― ふたたび、一同爆笑 ――――――――――

司会 「同じ場所で、同じように光を当てて、水やりも同じで、ひとつはなでて、ひとつはほうっておくと……」

📻 「そうです」

司会 「おかあさんも興味がおありのようだから、ふたりでやってみても楽しいかもしれませんね」

😊 「はい、やってみます」

> もう
> ちょっと **解説**

　植物の接触刺激（触る、なでる）に対する反応は、風に対しての補強と、捕食動物に対しての防衛の意味があります。

　後者では、植物体の強化（太く、短くたくましく）のほか、化学物質を作って葉の味を悪くすることもあります。植物を食べる動物の「嫌がる匂い」を出すのも防衛です。動かない（逃げられない）植物だからこその生存戦略です。

どうして男の子にも
おっぱいがあるのですか?

不要なものを消すのが「お得」とは限らないんです

質問者 😊：小学校1年生（東京都）　　回答者 📻：篠原菊紀先生

😊「どうして男の子にもおっぱいがあるのですか?」

司会「なんでそれが不思議だと思ったの?」

😊「女の子はお乳をあげるけど、男の子はお乳をあげないのに、なんで、おっぱいがあるのかな?　と思いました」

司会「そうか、それでいらないんじゃないかなーって思うの?」

😊「うん」

📻「そう思うよね。でも、いらないからなくす……というのも、けっこうエネルギーがいるというか、なんて言ったらいいかな……。消すほうが無駄になることがあるの」

😊「ふぅん」

📻「わかります?　もし、おっぱいができないようにするんだったら、そのことを、どこかでやらなきゃいけないよね。もともと男の子も女の子も、おかあさんのおなかの中にいるときは基本的には女性型……女の子っぽいんですよ」

😊「うん」

📻「それが、男の子におちんちんができてきて、男性ホルモンっていうのが出てくると、男の子っぽくなってくるのね。だから、もとはといえば、女の子をもとにしてるから、おっぱいみたいなのがあるんだけど……」

😊「ふぅん」

📻「おっぱいに関して言うと、それを消したほうが相手を見つ

けやすくなったり、子どもを残しやすくなったり、進化上の
お得って話になるんだけど。そういうお得なことがあるなら
消しちゃったほうがいいんだけど……」

「そうでもなかったら、いっしょに作っちゃって、片方だけ
大きくすればいいんじゃない？　そのほうが、人間全体とし
てはお得なメカニズムというかシステムですよ……と、考え
られています」

「はぁい」

「要するにあれですよ。いらないんだけど、消すのが大変な
ので、とりあえず残しておこう、ということなんです」

司会「わかりました？　なくしちゃうよりお得ってことだけど」

「はーい」

司会「消してもいいことはないんですね」

「今、もし、急になくなったとして、そのほうが女性にモテ
るんであれば、たぶん消えるんだと思います、将来的には
（笑）。それはちょっと考えにくいので……」

司会「進化ってわかる？」

「ううん（わからない）」

司会「先生、進化っていうのを簡単に説明すると、長い歴史の
中でだんだんと変わってくるんですよね」

「長い時間をかけてだんだん変わってくる、生き残るために
より有利なほうに変わってくるんです。その変化のために
必要な……よく『コスト』って言い方をするのだけれど、『コ
スト』と『お得なこと』のバランスですね」

「いらないから消すというのは、そう簡単にはできない。し
ばらくたったら『いらなかったものもけっこう使えるじゃん』
みたいなこともあるのでね……」

どうして人間には男女があり、女の人だけが赤ちゃんを産むの?

難問中の難問、回答の着地点は?

質問者 😊:小学校2年生（大分県）　　回答者 📻:成島悦雄先生

😊「はぁーい、おはようございます。なぜ、男と女がいるのか、そしてぇ、なぜ女の人は赤ちゃんを産むのですか?」

司会「という質問ですね? むずかしいなぁー」

📻「むずかしい問題ですねぇ、よくこういう問題に気がつきましたね」

司会「どうしてそういうふうに思ったの?」

😊「えっと、おかあさんが……。1年前ぐらいに赤ちゃんを産んで、今は10か月だから……。どうして女の人は、赤ちゃんを産むのかなーって思いました」

📻「じゃぁ、弟さんか妹さんが産まれたんだね?」

😊「『おとうとさん』が産まれました。」

—— ほかの先生方も、うふふと笑っています ——

📻「あのね、生き物って増えるんだよね。人間も生き物でしょう。周りに犬とか猫とか金魚とかウサギとかいるかな?」

😊「金魚とカメがいます」

📻「飼ってるの?」

😊「あとカブトムシ、飼ってます」

📻「すごいねー! 金魚、増えてますか?」

😊「んんー? 12匹ぐらい。祭りで金魚すくいがあるから、いつもとってきてます」

司会「うちに来てから数は変わってないの?」

😊「うん」

📻「あーっそうか、わかりました。いろんな生き物がいるでしょう？ 地球には。犬とか猫とかいるでしょう？ 人間の場合は、男の人と女の人って言うけれども、動物の場合はオスとメスって言うでしょ？ オスとメスが協力して子どもを産むんだよね。そこはわかりますか？」

😊「はい、わかります」

📻「あなたも、おとうさんとおかあさんが協力して産まれたんだけど、おとうさんにも似てるし、おかあさんにも似てるでしょ？ おとうさんからある部分、おかあさんからある部分をもらって、生まれたんだよ。ほかの動物もおんなじで、たとえば犬のおとうさんと犬のおかあさんが協力して、犬の赤ちゃんが産まれるのね」

😊「ふうん」

――― 先生、どう回答していこうかとお悩みの様子 ―――

📻「もし、おとうさんから、同じおとうさんだけが生まれてくるとね。地球が暑くなったり、空気が薄くなったりってすることがあるのね。そういうふうに自分が暮らしている場所に大きな変化があると、今はうまく生きていても、温度が上がって暮らしにくくなるようなことが起きるんだよね」

😊「うん」

📻「そういうときに、おとうさんとおかあさんから別々の性質をもらっていると、その子どもの中には暑くても大丈夫なような子どもも生まれてくるんです」

📻「地球はいつも同じような温度、同じような空気があるわけじゃないんです。長い長い地球の歴史を見てると、酸素が少なかったときもあるし、多かったときもあるのね。ものす

ごく寒いときもあったし、暑いときもあったの。空気が濃いときに増える動物もいれば、空気が濃いときには、うまく生きられない動物もいるんですね」

──────── 先生、慎重にお話を続けます ────────

「そういうときに、おとうさんとおかあさんからいろんな性質をもらっていて、新しい地球の環境にうまく合った動物が、うまく生きていけるようになるんです。今まで、長い長い命の歴史の中でいろんなことがあって、環境にうまく適応できなかった生き物は死に絶えたんです」

「ふーん」

「でも、おとうさんとおかあさんがいて、別々の性質を持っていると、性質を混ぜ合わせることによって、生き残る可能性が高くなるんです」

司会「わかるかな～？」

「2年生にはちょっとむずかしいかもしれないけどね……。暑いところとか寒いところでもうまく生きていけるように、オスとメス、人間で言えば男の人と女の人がいるんですね」

「そしてね。どうして女の人だけが赤ちゃんを産むか？　なんですけど。赤ちゃんを産む人を女の人って決めたんです。言葉の遊びみたいで申し訳ないけど」

「今はごはんを、コンビニとかスーパーに行くと買えるけど、うんと昔は動物を捕まえるとか、植物を育てるとかして、食べ物を作っていたんです。おなかの中に赤ちゃんがいるとうまく働けないでしょ？　それで、おとうさんが一生懸命働いてごはんを持ってくるわけ」

「ふーうん？」

「そうやって役割分担をするんだよね。そうすると生まれて

「きた赤ちゃんがちゃんと育つじゃない」

😊「ふー」

📻「おかあさんのおなかの中に赤ちゃんがいると、一生懸命働くのがなかなかむずかしいときがあるんだよね。こんなとき、男と女、あるいはオスとメスが協力すればうまく子どもを育てられて都合がよいでしょ。すべての動物にあてはまるわけではないけど、これもオスとメスがいる意味のひとつと考えられますね」

――― 弱まる相づちに、先生もちょっと心配？ ―――

司会「わかったかなぁ。なんとなくわかった？」

😊「わかりました」

📻「あー、よかった……」

司会「よかったぁ……。先生、おつかれさまでした。むずかしい質問でしたね」

📻「難問でした」

もうちょっと 解説

　オス、メスの性別がある理由は、基本的に遺伝子の多様性を確保するためです。地球環境の変化に適応するには、いろいろな遺伝子をもっていたほうがよいので、オスとメスの遺伝子を混ぜて、多様性を確保していると考えられています。

　子育てを両性が担当する動物は限られています。ほ乳類では授乳の都合上、子育てはメスの仕事になることがほとんどです。鳥類には両性で子育てをする種類がたくさんいますが、これはペアで子育てしたほうが、子の生存率が高いためです。魚類、両生類、ハ虫類では多くの場合、産みっぱなしで、子育てはしません。

九州のツバメより関東のツバメが
少ないのは、どうしてですか?

ツバメが見られなくなったという小学生からの質問

質問者 ☺：小学校3年生（千葉県）　　回答者 📻：中村忠昌先生

☺「熊本に住んでいたときはツバメがいっぱいいたけど、関東に引っ越してからツバメをあんまり見なくなって。関東は少ないのかなー？　と思って質問します」

司会「いつ引っ越してきたの？」

☺「去年の4月です」

📻「熊本から関東のどこに来たの？」

☺「千葉県です」

📻「そんなに数が違った？」

☺「はい！」

📻「ツバメの数が違ったのかな？　それとも巣が……」

☺「ツバメの数です」

📻「そっか、えっとね。ツバメは九州でも関東でも普通にいる鳥なので……。九州とか関東みたいに大きな地域で比べると、数の違いは出ないんですけれど」

📻「あと違いがあるとすれば、ツバメをたくさん見た熊本には、たとえば、田んぼとか畑とかがあったかな？」

☺「ありました！」

📻「それじゃあね、千葉のほうはどうかな？」

☺「うーん、あんまりないなぁ……」

📻「千葉は周りにおうちがたくさんあるのかな？」

☺「はい」

📻「だとすると、たぶん答えとしては、九州とか関東とかの違いじゃなくて、周りにどんな場所があるのか、田んぼとか畑があるのか、家ばっかりなのかで、ツバメの数が違うんだと思います」

🙂「うん……。なんかツバメはかわいいのに、こっちにはあまりいないから（違うのが気になりました）」

📻「残念だった？　なんで違いが出てくるかっていうと、田んぼなんかでは……。ツバメって虫を食べるんだよね。知ってた？　知らなかった？」

🙂「知らなかった！」

📻「ツバメは、飛びながら上手に虫を捕まえて食べるんだけど、田んぼとかがあったほうが虫が多いので、ツバメも暮らしやすいんです」

🙂「ふうん」

📻「関東地方でも、田んぼとか、そうだなぁ。大きな池とか川があるところだと、ツバメが多くなると思います」

🙂「うんうん！」

📻「ちょっとむずかしいけれど、おうちの周りの環境ですね。『どんなところがあるのか』の違いがツバメの数の違いになったと思います」

司会「わかりましたか？」

🙂「はい、わかりました」

司会「千葉と熊本の違いじゃなくて、おうちの周りの環境の違いで、多かったり少なかったりするそうです」

うまく子育てするためにも、ツバメにとってはエサの多い場所が暮らしやすいのです

地球が滅亡しても
ゴキブリが生き延びるのはなぜ？

ずっと姿が変わっていないのは本当ですが……

質問者 📖😊：小学校6年生（埼玉県）　　回答者 📻：久留飛克明先生

📖😊「えーっと、ゴキブリはどうして地球が滅亡しても生き残ることができるんですか？」

司会「ほーう、何かで読みましたか？」

📖😊「えっと、同じクラスの人が、そういうことを言ってて」

📻「えっとねえ。たぶんね、それウソやと思うねん」

司会「はっ？」

📻「ゴキブリだけが生き残るっては、たぶん、ありえない。ただね……昆虫ってのは昔からいて、3億年前の地層からゴキブリの化石が見つかっている。これ、ほとんど形が変わっていないんだわ！ 今のおうちの中で出るのは、クロゴキブリっていう種類だと思うんだけど。その顔って見たことある？」

📖😊「顔までは見たことない」

📻「そやなぁ（笑）。人間がうつ伏せになってるあのポーズと似てる。というのは、顔が下を向いてる。そういう感じの構造してるんです、今のクロゴキブリは」

📻「だけども、昔のは前を向いてる。顔の部分だけちょっと構造が違うけど、ほかは、ほとんど変わっていない。ということは、これでもう形としては完成してるんじゃないか、と思われてる。これが『生き残るんじゃないか？』と言われるひとつの理由。もうひとつは、一生のうちに卵を5〜6回産む

んだけど、1回に産むかたまりには、30個ぐらいの卵が入ってるんやね。そやから、繁殖力が強いって、思われてる」

「はい……」(消え入りそうな声)

「もうひとつ、卵から成虫になるまで、あっという間みたいに思われているけど。クロゴキブリを私も飼っていますが、だいたい1年ぐらいかかる。そんなに成長が早いわけではない。そやけど、捕まりにくい場所にいてるんやわ。たとえば、冷蔵庫の裏とか流しの下とか、あんまり見つからない、ほかの生き物には捕まりにくい場所に隠れてる」

「おうちの中にゴキブリ出たら嫌やねぇー」

「はい」

「そやねん、先生のおうちにもときどき出てきて、周りの人が嫌がるので、先生は素手で捕まえるんだけど……」

「えっ！(笑)」

「やっぱりなんか、抵抗あるなぁって。触感っていうか、にゅるっとすごくやわらかいんやわ。ぎゅってつかむとつぶれるし、ゆっくりつかむとするっと逃げるしね。生きたまま捕まえるのが非常にむずかしい昆虫やねん！」

「そんなことがあって。駆除しにくいイメージ、昔から形が変わっていない、ほかに天敵が少ない、とかいろんなことが重なって『こいつはすごく生命力が強い』って思われている。それで、生き残るという話が広まったのかもしれない」

「……はい」

「ゴキブリだけが生き残るのは、考えにくいと思うよ。ゴキブリのイメージが先行してると思う(笑)」

司会「わかりました？」

「はい、ありがとうございましたー！」

セミの成虫はなぜ、
寿命が短いのですか？

仕事がうまくいけば、長いも短いもない！

質問者 🐱：小学校5年生（岐阜県）　　回答者 📻：清水聡司先生

🐱「セミは、なぜ成虫の寿命が短いのですか？」

司会「セミの成虫は、どれぐらい生きるか知っていますか？」

🐱「えと、1週間ぐらいです」

司会「どうしてそんなに短いんだろう？　と不思議なのね」

📻「これは、よく質問されるんですけど、まず、誤解をといておきましょう。『1週間しか生きないよ』って言われるけど、3週間とか、長いと1か月ぐらい生きたりするの！」

司会「それは成虫になってからですか？」

📻「成虫になってからです。セミの寿命を全体で見ると……。アブラゼミだと、土の中に何年いると思う？」

🐱「えーっと、7年？」

📻「5年とか6年とか、そういうふうに言われますけど、けっこう長いよね」

📻「そして成虫になると、3〜4週間ぐらいの寿命です。これはね、昆虫全体では、『長い』って言うほどじゃないけど、『極端に短い』わけでもないの」

📻「たとえばモンシロチョウって、成虫になってからどれぐらい生きるか、知ってる？」

🐱「ええーっと、3か月ぐらいですか？」

📻「んふふっ（笑）、そんなに持たないの。2〜3週間……」

🐱「へえ」

📻「うまく飼ったら1か月ぐらい。セミと同じぐらいやね。意外と短いの。昆虫全部がそうなんだけど、成虫って、どういう役割をしてるかわかるかな？」

😊「わかりません」

📻「幼虫のうちは、一生懸命食べて大きくなって。成虫になったら、次の世代を残すのがお仕事なのね」

📻「だからセミの成虫は、1か月ぐらいの間に、オスとメスが出会ってたくさんの卵を残します。それで次の世代に命をつなぐのが大切なお仕事なんです」

📻「その仕事がうまくいけば、寿命が短いとか長いとかは関係ない。それで繁栄していけば、セミは成功なの」

😊「……」

📻「人間を基準に考えちゃうと、すごく短い気がするけどね。今も、たくさんのセミが鳴いてるんじゃない？」

😊「……はい」

📻「短い命やけど、セミがいなくなっちゃうって考えられる？」

😊「えーっと、あんまりないような気がします」

📻「ふっふふっ（笑）」

—— 同席したほかの先生方も、笑いすぎてむせています ——

司会「セミにとって、オスやメスに出会って子孫を残すのに、その期間で十分だと考えていいんですか？」

📻「その間に十分に出会いもできますし、子孫を残せます」

司会「セミには短い時間ではないということでした」

📻「みんなが思っている1週間よりも意外と長いよ！　というのもおぼえておいてください」

「1メートル」の基準は
なんですか?

実は、30年以上前に変わっているんです

質問者 👦：小学校6年生(茨城県)　　回答者 📻：竹内 薫先生

👦「『1メートル』の定義はなんですか?」

司会「1mのて、い、ぎ……?」

👦「どうやって決めているのですか?」

司会「なんであの長さが1mなのか?　ってことですね」

👦「はい」

📻「これはですね、光が1秒の『ニオク・キューセン・キュウヒャク・ナナジュウ・キュウマン・ニセン・ヨンヒャク・ゴジュウ・ハチ・ブンのイチ』(2億9979万2458分の1)という短い時間に、真空を進む距離として定義されるんですよ」

👦「はい」

📻「つまり、とっても短い時間に、光がどれぐらい進みますか、というのを基準に、1mは決められているんですね」

📻「ただ、最初からそうだったわけではなくて、一番最初は、フランスで地球の周りの長さを4万kmと決めたんですよ。地球を一周する長さの4万分の1の距離が1km、k(キロ)は千倍なので、地球を一周する長さの4000万分の1の距離を『1メートル』というふうに決めたんですね」

👦「はい」

📻「ただ、地球の一周の大きさは、測る方向によっても変わってきます。つまり赤道の方向と、北極・南極を通る一周だと長さが違ってくるので、もう少し正確に長さの基準を

「決めましょう！ ということになって、いろいろ定義が変わってきたんですが……」

📻「今、一番正確な決め方として、光の進む距離を基準に『1メートル』を決めることになりました」

🙂「はい」

📻「ちょっとむずかしいですよね、これも……」

司会「光の進む距離で1mを決めたのは、最近ですか？」

📻「かなり最近（1983年）ですね」

司会「光の進む距離を基準にしての1m……。先生！　2億何千万分の1でしたっけ？」

📻「光が1秒間に進む距離の、2億9979万2458分の1です。約3億分の1ですね。物理学の話になってくるので、どうしても数字がものすごく細かいんですよね。先生たちもおぼえているわけではありませんので、ざっくりと……」

司会「『光が進む距離を基準にして1mが決まっている』とおぼえておけばいいですね」

📻「そうですね」

もうちょっと 解説

　フランスで長さの単位1mが定義されたのと同じころ、重さ（質量）の単位である1kgも定められ、1889年に、正確な大きさに加工されたプラチナとイリジウム合金のかたまり（キログラム原器）の重さを1キログラムとしました。2017年現在もこの基準を使っていますが、2018年の国際会議で新しい基準に変更される予定です。

ニホニウムは
どういう元素ですか?

約10年、400兆回試して、やっと3個できたのです

質問者 😊：小学校2年生（神奈川県）　回答者 📻：竹内 薫先生

😊「ニホニウムはどんな元素なんですか?」

司会「ニホニウム?　ニホニウムっていう元素なんですね?　先生、ニホニウムっていう元素があるようです?」

📻「いい質問ですね～。ニホニウムってどこで知りました?」

😊「元素の図鑑を見て知りました」

📻「ニホニウムというのは113番目の元素で、記号では『Nh』と書きます。重さは鉄の5倍ぐらいで、これは日本で発見されたので、日本の『ニホン』というのと、元素の最後につける『ウム』をつけて、ニホニウムっていう名前になりそうなんですね」

—— ニホニウムの名称が正式に決まる3か月前の会話です ——

😊「へぇー」

司会「ふぅん」

📻「この元素は、日本の理化学研究所で森田先生のグループが発見したんですけれども、これは自然には存在しない元素なんですよ。なので、実験で作ります」

😊「えっ」

司会「ほぉー!」

📻「その実験なんですけども、30番目の元素である『亜鉛』と、83番目の元素である『ビスマス』……。これをすごいスピードでぶつけます。そうするとぶつかってくっついて!　むず

かしい言葉では核融合って言うんですけども、それで113番目の元素の『ニホニウム』になったんです」

「へぇー」

「ところが、作るのがものすごく大変で、10年ぐらいずーっと実験を続けていて、ぶつける回数が400兆回……」

司会「たはっ！」

「といっても。ものすごい数をぶつけて、たった3個しかできなかったんですよ」

「ええっ！」

司会「ふへへ」

────── 司会さんも、もう笑うしかないようです ──────

「こういう重い元素を作るのは、ものすごく大変なことなんですね。1番目の元素は水素で、2番目がヘリウム、3番目がリチウムでしょう。そうやって、だんだん元素は重くなっていくんですが……。93番目よりあとの元素は重くてひとつ作るのも、ものすごく大変なんです」

「そして、ニホニウムは日本が初めて発見して、元素の周期表に載る元素なんです。アジアでも初めてで、これまではずっとヨーロッパとか、アメリカでしか元素は発見されていませんでした。そんな中で、日本が初めて、アジアで初めて発見したという、とても素晴らしい研究なんですね」

司会「ニホニウムに興味を持ったのは、どうして？」

「元素の図鑑を見て、あいてたところを見つけた……。って、おかあさんが言った」

「おお、そうかぁ！」

「あっ、この元素なんですけども、だいたい1000分の1秒ぐらいで壊れてしまうので」

司会「うひ……！」

📻「まだ詳しい性質はわかっていないんですね」

🙂「はい」

司会「ですって……。何兆回でしたっけ、作るまでに？」

📻「400兆回……」

司会「400兆回ぶつけて3個できて、できたものは、すぐになくなっちゃう元素なんですね……」

📻「みなさんが大人になったら研究して、どういう性質を持っているか確かめてくださいね」

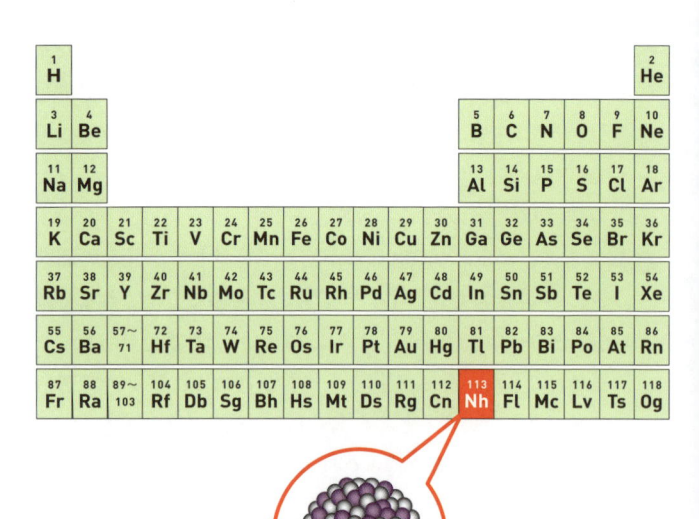

ニホニウム

ニホニウムの名前が決まる前は、仮の名前として「ウンウントリウム（ウンは1、トリは3、元素の最後のウムで113）」と呼ばれていました

ニホニウムが認定されるまで

1999年10月	新元素発見計画スタート
2003年	実験開始
2004年 7月	1個目の合成に成功
2005年 4月	2個目の合成に成功
2006〜2007年	新元素申請、しかし見送り
2006年	新方式での実験開始
2012年 8月	3個目の合成に成功
2015年12月	国際機関で113番目元素の発見を認定
2016年 2月	さまざまな名称案が候補になる
2016年 6月	理化学研究所が「ニホニウム」案を提出
2016年11月30日	「ニホニウム/Nh」が正式認定

理化学研究所仁科加速器研究センターの全景。ニホニウム発見に関係した装置は、すべて地下にあります

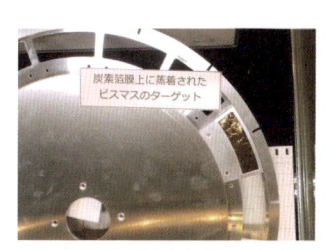

ニホニウム合成に使われたビスマス（Bi）のターゲット装置。薄いフィルムが円周状に貼られています。ここに、亜鉛（Zn）原子を高速でぶつけました

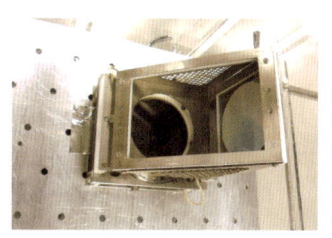

ニホニウムの検出に使われた半導体センサーです

どうして虫の血は
赤くないのですか?

「血は赤い」という思い込みを外すおもしろさ

質問者 😊：小学校2年生（沖縄県）　回答者 📻：清水聡司先生

😊「どうして虫の血は赤くないのですか?」

司会「どんな虫の血を見たことがありますか?」

😊「ケムシとか。イモムシとか、ハチも」

📻「何色やった?　ふふふっ」

😊「緑とか……」

📻「うん、そやね。どうしてかっていうと……。人間の血の中には赤血球っていうのがあります」

📻「赤血球の中には、ヘモグロビンっていう鉄の成分が入ってて。それが赤くて、赤血球が赤いので、血も赤く見えるの。でね、赤血球が何の役割をしてるかっていうと……。えっとね、人間はみんな息をしてるでしょ?　吐いたり吸ったり。それで取り込んだ酸素を体中に運んでくれるの、赤血球って」

📻「昆虫の場合、この酸素を運ぶためのもの、赤血球が血（血リンパ）の中にありません。赤い色がついていないから、薄い黄色だったり緑色だったりするの!」

😊「うん」

📻「虫さんは、どうやって体中に酸素を運んでいるのかなー?　っていうとね。イモムシさんの側面……横側から見るとね、『テンテンテン』って、小さな丸い穴が……。穴には見えないかもしれないけど、模様が見えるの。おなかの両側に『気門』っていう穴があります」

📻「空気の出入り口なんで、気門って呼ぶんですけどね。それは、人間がお口とかお鼻で息をする、空気を取り入れるのと一緒なんやねんけども。昆虫の場合は赤血球とかじゃなくて、取り込んだ空気をそのまま管で体中

イモムシの側面には点々と気門が見えます

に送っちゃうの！　ほそーい管が、体中にたくさん入っています。観察しやすいのがカブトムシの幼虫。よく見ると白い筋がたくさん通ってるのがわかると思うの。今度チャンスがあったら見てください」

😊「はい」

📻「それで酸素を運ぶので、酸素を運ぶための成分は必要ありません。だからね、色がついてません。緑色なのは、食べた植物の色素とかが溶け込んでたりして色が見えるの」

📻「昆虫でもね、例外的にヘモグロビン、酸素を運ぶ赤いものを持ってる昆虫もいます。ユスリカってわかるかな？」

😊「はぁい？」

📻「そっか。その幼虫はミミズみたいで、ちょっと汚れた川の底にいるんだけど……。赤い色をしているんです。それで、水の中の空気、酸素がすごく少ないところにも住めるようになっているの。空気をしっかりと送れるように、例外的にヘモグロビンを使っているので『まっかっか』に見えちゃう。そういう昆虫もいますが、普通の昆虫には、赤血球とかヘモグロビンはありません」

司会「わかったかな？」

😊「はい」

幼虫は、なぜ
サナギになるのですか?

大人になる前にサナギの中で、一度……

質問者 😊：小学校2年生（京都府）　　回答者 📻：矢島 稔先生

😊「幼虫は、なぜサナギになりますか?」

司会「何か飼ったこと、あるの?」

😊「えーっと、ツマグロヒョウモンのケムシを飼っています。
今はサナギの状態です」

📻「これはねぇ、一番むずかしい問題でねぇ」

司会「くすっ（笑）」

📻「いまだに、小学生に答えられないんです。なぜかっていう
と……。ホルモンって聞いたことある?」

😊「はいー」

📻「人間の体に、いろんなホルモンが出てるのは知ってた?」

😊「はい、なんか成長ホルモンとか……」

📻「うん、いろんなところから出てるね。腎臓からも出てるし、
脳下垂体というところからも出てる。それと同じように昆
虫も、大ざっぱに3つ4つ出てるんです、ホルモンが」

😊「は……い……」

📻「あなたはサナギに何かしたことある?」

📻「先生も、あなたと同じぐらいのときに昆虫を飼っていてね。
どうしてイモムシがサナギになるのか、サナギがチョウチョ
になるのか不思議だったよ」

📻「不思議で不思議で、しょうがなくってね……。でね、思い
切って。サナギを切ったことがあ、る、ん、だ、よ……」

😊「はい」

📻「そしたらねぇー。どろどろで……なぁんにもない」

😊「わぁぁぁ」

📻「緑色の液体なの。なぁにこれぇ〜！　って思ったね。人間にはありえないんだけど、昆虫は体が小さくてホルモンの種類が違うので、幼虫の体を全部溶かしちゃうんだって……」

😊「あっ……うっ……」

─────── 何か言おうとしても、言葉にならない様子 ───────

📻「溶けてね、なぁんにも入ってない……。それが時間とともに、だんだん親の体になって出てくる」

😊「はぁーああ！」

─────────────── 納得！ ───────────────

📻「幼虫の脚なんて短いでしょ。それが長い脚に変化して、幼虫のときにはなかった羽のところに細胞がきれいに並んで、鱗粉（りんぷん）が出てきて模様ができて、親になって出てくるんですよ！」

ツマグロヒョウモンのサナギ。よく見ると、羽になるところ、脚になるところのスジがわかります

「はい」

「これ（を進行させるの）は『変態ホルモン』というもので、人間にはないんです」

「学校で、変態っていうのは聞いて知ってました」

「そうだね。完全変態、不完全変態って知ってるでしょ。不完全変態っていうのはサナギがない。バッタやカマキリは不完全変態で、卵からかえったときに『カマキリの子どもー！』ってのがわかるじゃない」

「それで、完全変態はサナギになって親になる。チョウチョとかカブトムシは完全変態だね！」

「はい」

「昆虫はものすごく種類がいて、大昔の昆虫は全部、不完全

カマキリの子ども。ほぼそのままの形で成虫になる「不完全変態」

変態だったと思われているんです」

「はぁ……？」

「その不完全変態の中から、完全変態をする昆虫が出てきたという、考え方なんです」

「はぁーそうなんですか……」

「今から3億年も前に不完全変態の昆虫が現れて、それから1億年か2億年か経ったあとに、サナギの時期のある、チョウとかの昆虫が出てきたんです。ホルモンの種類が増えて、体をすっかり取り替えるっていう、人間では考えられないような変化を体の中で起こすのがわかったんです」

「その変態ホルモンと完全変態のしくみは、今は全部わかってます。ところがね、小学生にはむずかしすぎる話なの」

「はいぃ」

「残念だけどもねえ。ホルモンの種類だとかね、構造の……何があるかとかね。そういうのを全部理解したらわかる。だから、ここではとてもじゃないけど説明できないんです。あなたが今の、不思議だっていうのを思いながら、大学院に行くとだいたいわかる。これはいくら説明してもラジオじゃ伝わらないことなんです」

「あなたと同じような疑問を持っている人はいっぱいいるんだ。だって、幼虫時代がドロドロに溶けちゃって、そんなのの中から成虫の体だけが、ぼんやり現れてくるんだよ……。ほんとに不思議だけど、目にはそう見えるけど……」

—————— 先生、話を切り替えて ——————

「あのね、ひとつおもしろいのは……。チョウの鱗粉ってあるでしょ？　あれは幼虫のときにはないよね」

「はい」

📻「あれね、幼虫のときには使ってたけど、成虫になったらいらない成分を、全部、鱗粉にして捨てるんだって！」

😊「あ、そうなんですか？」

📻「うん、幼虫時代のいらないものをサナギは外に捨てられない。さなぎっていうのは動かないんだから、穴があいていないんだから。だから、あの鱗粉の中に捨ててるんだって。それが立派な模様になるんだよ。不思議なんだよね」

司会「へぇぇ」

📻「変態ホルモンの素晴らしい機能によって、動かないサナギの中で、次から次へと順々に形が変わって、チョウになるんだね。こんなにすごい変態のしくみが、わずか5cmぐらいのサナギの中で起きている。複雑な変態ホルモンがあるおかげで！ というのを今のお答えにしておきます。そうおぼえていてください」

😊「はぁい！」

📻「あなたが大学院に行ってそれを調べてくださいね。昆虫の研究者になって！ これは絶対おもしろいと思う。今、ぼくがあなただったらやるなぁって！」

—————— ほかの先生方、爆笑 ——————

📻「もう、ぼくは今からできないけど、君なら大丈夫だ！ 絶対に不思議な変態を……ぜひ、あなたが解明してください」

😊「はい」

📻「いいですか？」

司会「先生のお話を聞いてどう思った？」

😊「サナギの中でドロドロになってるとは思ってませんでした！」

司会「びっくりだよねー。不思議だって思う気持ちをずっとおぼえててくれるとうれしいな」

＊矢島稔先生は、「夏休み子ども科学電話相談」が1984年に始まってから32年間、毎年ずっと出演されていましたが、この日のこの相談を最後に番組を引退されました。

ツマグロヒョウモンの幼虫。これがサナギになり、下の写真のような成虫になります

ツマグロヒョウモンの成虫

写真

CC BY-SA 3.0 さかおり(p.29)，池田圭一(p.62など多数)，CC BY-SA-2.5 K.-M. Hansche(p.75)，CC BY-SA 3.0 Alpsdake(p.79)，CC BY-SA 4.0 Jony Cooper(p.88)，CC BY-SA 3.0 Linè(p.94)，CC BY-SA 2.0 Cindy from Wisconsin,USA(p.95)，CC BY-SA 3.0 Luc Viatour(p.137)．John Graner, Neuroimaging Department, National Intrepid Center of Excellence, Walter Reed National Military Medical Center, 8901 Wisconsin Avenue, Bethesda, MD 20889, USA.(p.153)

「科学の世紀」の羅針盤

　20世紀に生まれた広域ネットワークとコンピュータサイエンスによって、科学技術は目を見張るほど発展し、高度情報化社会が訪れました。いまや科学は私たちの暮らしに身近なものとなり、それなくしては成り立たないほど強い影響力を持っているといえるでしょう。

　『サイエンス・アイ新書』は、この「科学の世紀」と呼ぶにふさわしい21世紀の羅針盤を目指して創刊しました。情報通信と科学分野における革新的な発明や発見を誰にでも理解できるように、基本の原理や仕組みのところから図解を交えてわかりやすく解説します。科学技術に関心のある高校生や大学生、社会人にとって、サイエンス・アイ新書は科学的な視点で物事をとらえる機会になるだけでなく、論理的な思考法を学ぶ機会にもなることでしょう。もちろん、宇宙の歴史から生物の遺伝子の働きまで、複雑な自然科学の謎も単純な法則で明快に理解できるようになります。

　一般教養を高めることはもちろん、科学の世界へ飛び立つためのガイドとしてサイエンス・アイ新書シリーズを役立てていただければ、それに勝る喜びはありません。21世紀を賢く生きるための科学の力をサイエンス・アイ新書で培っていただけると信じています。

2006年10月

SIS-384

http://sciencei.sbcr.jp/

大人もおどろく
「夏休み子ども科学電話相談」

鋭い質問、かわいい疑問、難問奇問に
各界の個性あふれる専門家が回答！

2017年7月25日　初版第1刷発行
2018年8月11日　初版第3刷発行

編 著 者	NHKラジオセンター 「夏休み子ども科学電話相談」制作班
発 行 者	小川 淳
発 行 所	SBクリエイティブ株式会社 〒106-0032　東京都港区六本木2-4-5 電話：03-5549-1201（営業部）
装丁・組版	クニメディア株式会社
印刷・製本	株式会社シナノ パブリッシング プレス

SB Creative